Das 60%-Potenzial

Johanna Gollnhofer
Jan Pechmann

Das 60 % Potenzial

Mit Marketing die breite Masse für grünen Konsum begeistern

Campus Verlag
Frankfurt/New York

ISBN 978-3-593-51958-6 Print
ISBN 978-3-593-45910-3 E-Book (PDF)
ISBN 978-3-593-45909-7 E-Book (EPUB)

Umschlaggestaltung: studioheyhey, Frankfurt am Main
Illustrationen: Marceline Baier, Bitteschön.tv
Satz: DeinSatz Marburg | mg
Gesetzt aus der Minion Pro, der GT Flexa und der Avenir Next LT Pro
Druck und Bindung: Beltz Grafische Betriebe GmbH, Bad Langensalza
Beltz Grafische Betriebe ist ein Unternehmen mit finanziellem Klimabeitrag (ID 15985-2104-1001).
Printed in Germany

www.campus-verlag.de

Inhalt

Vorwort

Die meisten Menschen, die im Marketing- und Werbekontext arbeiten und dabei nicht nur ihre sieben Sinne beisammen, sondern auch ihr Herz am rechten Fleck haben, stellen sich früher oder später die Frage: Ist es richtig, den Konsum auf dieser Welt weiter anzukurbeln? Gibt es nicht vielleicht einen Weg, mein Talent besser einzusetzen?

So waren auch wir auf der Suche, wie wir Marketing von einem Teil des Problems zu einem Teil der Lösung machen könnten. Johanna Gollnhofer beschritt als Professorin für Marketing an der Universität St. Gallen den akademischen Weg und betreibt seit vielen Jahren Forschung zu Motiven und Hindernissen nachhaltigen Konsums, welche international Beachtung finden. Ihr Newsletter »Green Marketing« erfreut sich eines immer größeren Zuspruchs. Jan Pechmann nahm den Weg der Praxis und lancierte parallel zu seiner Beratertätigkeit den Marketing For Future Award, der im nunmehr fünften Jahr »best practice« auszeichnet. Denn Marketing und Kommunikation können sehr wohl ein entscheidender Hebel erfolgreicher Nachhaltigkeitsbemühungen sein.

Im Jahr 2023 hielten wir beide auf einer Marketingveranstaltung einen Vortrag. Wir kannten uns nicht, waren nicht abgestimmt, hatten jedoch – wenn auch auf sehr unterschiedliche Art und Weise, nämlich akademisch geprägt versus beraterisch intendiert – inhaltlich den gleichen Fokus mit derselben Quintessenz:

Nachhaltige Produkte hängen in der Nische fest. Das ist nicht gut, weder für die Umwelt noch für den Umsatz! Wir müssen Nachhaltigkeit also in die breite Masse oder, in unseren Worten, in die 60% bringen. Und das ist zuallererst eine Frage der richtigen Kommunikation und Vermarktung.

Beruhend auf gegenseitiger Sympathie und gleichen Werten entwickelten wir die Grundidee und fanden im Campus Verlag den passenden Partner für ein Buch, das sich an alle richtet, die die grüne Transformation vorantreiben wollen, wie zum Beispiel

- **Geschäftsführende und CEOs**, die zu Recht daran interessiert sind, enorme Investitionen in den nachhaltigen Umbau ihrer Geschäftsmodelle und Kernprozesse in Form von Nachfrage und Alleinstellung im Markt zu kapitalisieren.
- **CMOs, Marketing- und Kommunikationsverantwortliche**, die nach einem tieferen Verständnis und einer operativen Anleitung zur Demokratisierung von nachhaltigen Angeboten suchen, also Insights und Prinzipien, um Nachhaltigkeit auch abseits der grünen Nische im Mainstream erfolgreich zu kommunizieren.
- **Nachhaltigkeitsbeauftragte und CSR-Manager:innen**, die erkannt haben, dass die richtige kommunikative Positionierung und Kommunikation ihrer Maßnahmen ein entscheidender Faktor ihres Erfolgs sein können.
- **Expert:innen aus Naturwissenschaft und Forschung**, die es leid sind, seit Jahren in der Sache Recht zu haben, aber in der Öffentlichkeit trotzdem nie richtig gehört oder verstanden zu werden.

Dieses Buch richtet sich gleichberechtigt an Vertreter:innen der Unternehmensseite, der Agentur- oder Beratungsseite sowie der Seite der Politik und Verbände. Für alle diese Visionär:innen und Transformator:innen möchte dieses Buch:

Informieren: Wieso hängen grüne Produkte in der Nische fest? Wie tickt die sogenannte »breite Masse« und wie spricht man die 60% erfolgreich an?

Hier bleiben wir nicht bei Anekdoten, sondern greifen auf viele wissenschaftliche Analysen und Studien zurück, um unsere Argumentation zu untermauern.

Inspirieren: Wie können Sie die breite Masse wirklich für grüne Produkte begeistern? Und was ist hier die Rolle von Marketing und Kommunikation?

Auch hier war unser Anspruch, uns nicht in einem abstrakten Lösungsraum zu bewegen, sondern Konkretes zu liefern. Hierfür haben wir basierend auf Interviews mit CMOs fünf handfeste »CMO Jobs« entwickelt, die aus unserer Sicht entscheidend sind, um das 60%-Potenzial zu erschließen.

Illustrieren: Grüne Produkte müssen Spaß und Freude machen. Und genau das soll auch unser Buch. Daher befinden sich in unserem Buch neben zahlreichen anschaulichen Fallbeispielen auch über 20 Grafiken, die das komplexe Thema einprägsam auf den Punkt bringen.

Diese Grafiken können gerne mit Quellenangabe geteilt und verbreitet werden.

Das Buch ist nicht nur das Resultat unserer Arbeit, sondern auch der kontinuierlichen mentalen und inhaltlichen Unterstützung von ganz vielen Personen und Unterstützergruppen, von denen an dieser Stelle beispielhaft nur folgende genannt werden können. Unser Dank geht unter anderen an:

- alle Menschen, die uns auf den verschiedensten Events an der Schnittstelle zwischen Marketing/Nachhaltigkeit mit ihren Gedanken und Meinungen beflügelt und begeistert haben,
- das Team von BAM! Bock auf Morgen, unsere interviewten CMOs und alle Unterstützer:innen und Wegbegleitende von Marketing For Future für sachlichen Rat, handfeste Zuarbeit und seelischen Beistand,
- Marceline und Roland von Bitteschoen.TV für die liebevollen Illustrationen,
- unseren Familien und Freund:innen für Geduld und Rückendeckung während der heißen Schreibphasen.

Kapitel 1

Die meisten Menschen greifen nicht zu grünen Produkten

Die Green Economy – eine Wirtschaft, deren zentraler Faktor Nachhaltigkeit ist – ist auf dem Vormarsch. Ihre Maxime ist es, das eigene Handeln nicht mehr nur auf Gewinn und Umsatz zu optimieren, sondern in gleicher Priorität auch auf die Umwelt. Ökosysteme sollen von Verschmutzung reingehalten, Arten in ihrer Vielfalt bewahrt, Rohstoffe für zukünftige Generationen bewahrt und die Erde nicht ausgebeutet werden – und all dies bei laufendem und hoffentlich erfolgreichem wirtschaftlichem Betrieb.

Die erste gute Nachricht: Das Bewusstsein dafür ist in der breiten Masse angekommen. Denn der Klimawandel, der in den letzten Jahrzehnten noch etwas sehr Abstraktes war, ist mittlerweile auch in unseren Breitengraden direkt zu erleben. Heftige Stürme, Überschwemmungen, verregnete Sommer, viel zu warme Winter – all das führt uns die ökologischen Auswirkungen unserer Konsumgesellschaft fast täglich vor Augen. Auch die Politik und die Unternehmen haben das Thema ökologische Nachhaltigkeit oben auf ihrer Agenda. Fast jedes Unternehmen hat mittlerweile eine Nachhaltigkeitsstrategie. Kein Manager, keine Managerin würde sich mehr trauen zu sagen, dass die grüne Transformation unwichtig sei.

Die zweite gute Nachricht: Einige technologische Möglichkeiten sind bereits vorhanden. Immer neue Technologien erlauben es uns, Produkte ressourcenschonender herzustellen, uns fortzubewegen und Energie zu gewinnen. Ganze Wertschöpfungsketten können angepasst werden, Recycling oder Upcycling verlängern die Lebensdauer von Produkten und gut isolierte Gebäude senken den Energieverbrauch.

Die dritte gute Nachricht: Wir alle können handeln. Diese grüne Transformation betrifft nicht nur Unternehmen und die Politik, sondern jeden einzelnen Menschen. Mit täglichen Konsumentscheidungen (zum Beispiel Fahrradfahren, vegane Ernährung, lokales Reisen) können Menschen täglich zur grünen Transformation beitragen. Damit hat jede:r Einzelne von uns die Möglichkeit, sehr niedrigschwellig im Alltag etwas beizusteuern.

So weit, so gut. Aber die Sache hat einen Haken: Die meisten von uns handeln *nicht* auf eine grüne Art und Weise. Tagtäglich beobachten wir uns selbst oder andere und müssen feststellen, dass unsere Konsumentscheidungen oftmals nicht so grün sind, wie wir das eigentlich gerne hätten. Denken wir an die Langstreckenflüge, den Fleischkonsum, den Kauf von nicht biologisch abbaubaren Reinigungsmitteln, die Benutzung von Plastikgeschirr. Die Liste ließe sich endlos fortführen.

Wieso schaffen wir es nicht, obwohl das Wissen und die Möglichkeiten vorhanden sind? Mangelt es uns etwa am guten Willen?

Der Wille für und das Interesse an grünen Produkten sind vorhanden

Die Menschen im deutschsprachigen Raum wollen! Beinahe unisono gaben die Befragten in Umfragen an, dass ihnen grüner Konsum und Nachhaltigkeit allgemein wichtig seien. Und dies gilt über die verschiedenen Altersgruppen hinweg, von der Generation der Babyboomer bis zur Gen Z. Dieser Trend in Richtung Nachhaltigkeit wurde im Zuge der Coronakrise sogar nochmals verstärkt.

Viele Befragte meinten zudem, dass sie auch bereit seien, ihr eigenes und über die Jahre eingeschliffenes Verhalten wirklich anzupassen. An erster Stelle wurde hier die Bereitschaft genannt, im Haushalt Energie zu sparen, gefolgt vom Kauf regionaler, saisonaler Produkte und/oder der Reduktion des Fleischkonsums.[1]

Doch damit nicht genug des Guten! Diesen besten Willen krönten Verbraucher:innen in verschiedensten Umfragen damit, dass sie bereit seien, auch einen Aufschlag für grüne Produkte zu zahlen. In manchen Studien gaben 20% der Befragten an, dass sie die noble Absicht haben, einen Aufpreis von 50% und mehr für das grüne und damit nachhaltige Produkt zu zahlen.[2]

Können Sie es den Unternehmen verdenken, die hier große Hoffnung schöpfen, mit ihren nachhaltigen Angeboten wirklich Geld zu verdienen?

Laut Umfragen herrschen also die besten Voraussetzungen: Konsument:innen haben in Deutschland eine positive Einstellung zu grünem Konsum, sie sind sich im Klaren darüber, dass sie dafür liebgewonnene Gewohnheiten anpassen müssen, und wären sogar bereit, mehr zu bezahlen. Also sollte den alternativen grünen Konsum- und Verhaltensmustern eigentlich nichts mehr im Wege stehen. Oder doch?

Der Attitude-Behavior-Gap aber auch

Die grüne Transformation und der grüne Konsum scheitern weder am Wissen noch am Wollen, sondern oftmals am tatsächlichen Verhalten der Menschen. Angebote, welche Fairtrade-, Bio-, saisonal oder anderweitig zertifiziert sind, werden dem Handel nicht so aus den Händen gerissen, wie es die Umfragen vermuten lassen würden.

In der Wissenschaft wird dies als Attitude-Behavior-Gap bezeichnet. Es bedeutet, dass Menschen zwar eine entsprechende Einstellung (*Attitude*) haben können, diese sich aber nicht in ihrem Verhalten (*Behavior*) widerspiegelt. Die Anthropologin Margaret Mead (1901–1987) hat diese Diskrepanz treffend zusammengefasst: »What people say, what people do, and what you say they do are entirely different things.«

Dieser Attitude-Behavior-Gap ist kein abstraktes wissenschaftliches Konzept, sondern findet sich in vielen alltäglichen Beispielen wieder. Lassen Sie uns drei näher betrachten.

Attitude-Behavior-Gap

Die Diskrepanz zwischen Einstellung und Verhalten wird auf die unterschiedlichsten Faktoren zurückgeführt, wie zum Beispiel auf einen hohen Preis oder auch fehlende Informationen über das entsprechende Produkt. Oder es ist einfach die Bequemlichkeit.

Der Attitude-Behavior-Gap eignet sich besonders gut dafür, um das fehlende nachhaltige Verhalten von Menschen zu verstehen. Oder wie würde man sonst erklären, dass Menschen grünes, nachhaltiges Verhalten sehr wohl als wichtig erachten, sich aber nicht dementsprechend verhalten? Wieso benutzen viele Menschen immer noch im Übermaß Plastiktüten? Wieso kaufen wir immer mehr, als wir wirklich brauchen? Der Attitude-Behavior-Gap bietet hier einen Erklärungsansatz.

Auch in unzähligen Marktforschungsberichten wird der Attitude-Behavior-Gap bestätigt. So zeigte beispielsweise ein Bericht des Fashion-Konzerns Zalando (2021) auf, dass für 60% der Befragten Transparenz ein wichtiges Kaufkriterium sei, in dem Kaufprozess suchten jedoch nur 20% der Kund:innen explizit nach Informationen zur Transparenz. Für 40% der Befragten spiegelt sich also die Einstellung nicht im Verhalten wider.

Beispiel 1: Der Fleischkonsum in der Schweiz steigt leicht an

Der Verzicht auf Fleisch kann einen großen Beitrag für den Klimaschutz leisten. Ein:e Durchschnittsdeutsche:r emittiert pro Jahr 11,61 Tonnen CO_2 Äquivalente. Eine Umstellung des Essverhaltens auf vegetarisch würde 0,45 Tonnen CO_2 pro Jahr davon einsparen. Und auch schon mit einer Reduktion um ein Viertel des Fleischkonsums könnten 0,1 Tonnen CO_2 pro Kopf im Schnitt eingespart werden . Der größte Hebel liegt hier beim Rindfleisch.[3] Die Reduktion des Fleischkonsums bietet also für die breite Masse einen tagtäglichen Hebel, um zur grünen Transformation beizutragen. Eigentlich müsste sich hier einfach nur ein wenig der Inhalt des Tellers ändern, was doch ein Leichtes sein sollte.

Und tatsächlich ist laut Statista der Fleischkonsum pro Kopf in Deutschland über die letzten Jahre gesunken, was als ein gesteigertes Bewusstsein für Nachhaltigkeit oder auch Tierwohl interpretiert werden könnte. Sicherlich spielen jedoch auch andere Faktoren eine Rolle, beispielsweise die gestiegene Inflation und die höheren Lebensmittelpreise aufgrund der Coronakrise und dem Ukrainekrieg. In Deutschland ist also nicht ganz klar, worum es sich bei dem zu beobachtenden Fleischrückgang handelt: Not oder Tugend?

Die Situation in der Schweiz stellt sich ein wenig anders dar: Hier verharrt der Fleischkonsum auf einem stabilen Niveau, sogar mit steigender Tendenz.[4] Das ökologische Bewusstsein ist in der Schweiz ähnlich ausgeprägt wie in Deutschland, jedoch ist die ökonomische Lage eine andere. So ist beispielsweise die Inflation in der Schweiz verhältnismäßig niedrig. Die breite Masse kann sich also Fleisch noch leisten und tut dies auch gerne.

In der Schweiz sieht man also einen klassischen Attitude-Behavior-Gap. Denn nachhaltiger, grüner Konsum ist vielen Menschen wichtig und die Reduktion des Fleischkonsums gilt gemeinhin als eine entscheidende Maßnahme.[5] Eine Verhaltensänderung – eine Reduktion des Fleischkonsums – fällt der breiten Masse jedoch oftmals recht schwer. Einstellung und Verhalten passen also nicht zusammen.

Beispiel 2: In Deutschland sind mehr Autos als je zuvor zugelassen

Der Verzicht auf einen Pkw hat ein beachtliches ökologisches Potenzial: Laut CO_2-Rechner von myclimate können auf einer Strecke von 100 Kilometern 0,034 Tonnen CO_2 eingespart werden. Dies wären bei der jährlichen Nutzung von 10 000 Kilometern satte 3,4 Tonnen CO_2-Einsparpotenzial. Das ist ein knappes Drittel der durchschnittlichen Gesamtemission von jährlich rund 11,17 Tonnen in Deutschland.[6]

Insbesondere der Generation Z (circa Mitte der 1990er bis Mitte der 2000er Jahre Geborene) wird eine sehr grüne Einstellung nachgesagt. Sie gilt als die Protestgeneration zum Überkonsum der früheren Jahre, die sich ihrer Umweltauswirkungen sehr viel bewusster ist und daher ihre Einstellung konsequent hinterfragt.

Aber haben diese jungen Menschen tatsächlich auch ihr Verhalten entsprechend angepasst? Die Zulassungsdaten für Autos in Deutschland legen hier nahe, dass sich die Generation Z in ihrem Mobilitätsverhalten gar nicht so stark von anderen Generationen unterscheidet. So sind laut Kraftfahrtbundesamt im Jahr 2023 1,1 Millionen Autos auf die Altersgruppe der unter 24-Jährigen zugelassen.[7] Über alle Altersgruppen hinweg gab es 2023 sogar einen Rekord an neu zugelassenen Autos. Der Anteil der jungen Fahrer:innen entspricht dabei ungefähr dem Wert von vor zehn Jahren.

Ist der Großteil dieser Autos elektrisch und damit wenigstens ein bisschen grüner? Dies ist leider nicht der Fall. Die Anzahl der zugelassenen Elektroautos bewegt sich im niedrigen einstelligen Prozentbereich. Elektrische Autos sind nämlich teurer als Benziner, und darum für junge Fahrer:innen nicht wirklich geeignet.

Obwohl ein Großteil der Deutschen ökologische Nachhaltigkeit wichtig findet, passen die wenigsten, inklusive der Generation Z, ihr Mobilitätsverhalten konsequent an.

Beispiel 3: Trotz Flugscham fliegen die Deutschen so viel wie nie zuvor

Flugreisen haben einen hohen CO_2-Fußbdruck. Die Fahrt mit der Bahn von München nach Berlin mit einem durchschnittlichen Strommix verursacht viel weniger CO_2 als ein vergleichbarer Flug von München nach Berlin.

Viele Menschen sind sich dieser negativen Ökobilanz bewusst. Laut einer McKinsey-Studie aus dem Jahr 2023 gaben 45% der deutschen Befragten an, ein schlechtes Gewissen zu haben, wenn sie fliegen (Vergleich 2019: 23%). In den USA liegt dieser Wert sogar bei 55%. [8] Als Flugscham wird dieses Phänomen seit ein paar Jahren in den Medien bezeichnet.

Der Begriff hält den Menschen ganz klar den Spiegel vor: Fliegen ist sehr schädlich für die Umwelt und sollte möglichst vermieden werden.

Zeigt sich dieses Bewusstsein im tatsächlichen Flugverhalten? Fliegen die Menschen weniger, oder machen sie mehr Urlaubsreisen in die nähere Umgebung?

Während der Coronapandemie schien es tatsächlich so zu sein. Die Menschen entdeckten die Alpen und die Ostsee als attraktive Reiseziele, weil Flugreisen nicht möglich waren. Internationale Businessmeetings wurden virtuell abgehalten.

Mittlerweile sind private Flugreisen fast wieder auf dem Niveau wie vor der Coronapandemie.[9] Fernreisen sind eben doch exotischer, und nach der trüben Coronazeit haben wir uns das doch alle auch verdient, oder? Trotz einer klar negativen Einstellung zum Fliegen (»Fliegen ist schlecht für die Umwelt«), tun es viele Menschen dennoch wieder, und zwar ausgiebig (»Ich fliege nach Thailand in den Urlaub«). Genau das ist der Attitude-Behavior-Gap.

Kapitel 2

Das 60%-Potenzial – die breite Masse

Meistens sind die Fragestellungen in Umfragen zum ökologischen Konsum völlig hypothetisch. Da werden Menschen zum Orakel, wenn man ihnen zum Beispiel eine Antwort zu diesen Fragen abringt: »Wie stark werden Sie in Zukunft auf den Kauf von Bio-Lebensmitteln achten?« oder »Werden Sie im nächsten Jahr mehr nachhaltige Lebensmittel kaufen?« Auch auf diese Weise erhält man nur eine Selbsteinschätzung, aber keine belastbare Vorhersage auf ein tatsächliches Verhalten.

Das Resultat solcher Ansätze ist oftmals die Aufteilung des Marktes in zwei Gruppen: eine große Gruppe, die Nachhaltigkeit als wichtig empfindet, und eine andere, der man das Gegenteil unterstellt. Nimmt man zum Beispiel eine Studie von Statista, in der gefragt wurde: »Wie wichtig ist Ihnen Nachhaltigkeit?«, bekommt man einen sehr rosigen wie auch simplen Eindruck: Viele Menschen empfinden ökologische Nachhaltigkeit als wichtig, andere wiederum als weniger wichtig.

Umfragen, auch wenn sie repräsentativ sind, zeichnen selten ein akkurates Bild: Denn dabei handelt es sich erstmal nur um Einstellungen und nicht um tatsächliches Verhalten. Letzteres herauszufinden, ist um ein Vielfaches schwieriger und auch aufwendiger. Deshalb begnügt sich die (Markt-)Forschung oftmals mit der Erhebung von Einstellungen. Entscheidend ist es jedoch, dass das Verhalten viel aussagekräftiger ist.

Wie können wir nun Menschen im Hinblick auf ihren grünen Konsum besser verstehen? Wir schlagen eine alternative Aufteilung des Gesamtmarkts in drei Gruppen vor, und zwar basierend auf einer Kombination aus Einstellung und tatsächlichem Konsumverhalten:

Die Öko-Fans Dies sind Menschen, die in Umfragen eine grüne Einstellung angeben und dann auch tatsächlich grüne Produkte kaufen, mehr oder weniger regelmäßig. Bei dieser Gruppe liegt kein Attitude-Behavior-Gap vor.

Grüne Einstellung = Grünes Verhalten

In dieser Gruppe findet man auch die Menschen, die ihre Einstellung sichtbar in der Öffentlichkeit vertreten, sich beispielsweise an Protestkundgebungen beteiligen oder bei der Diskussion am Abendessenstisch für die Umwelt eintreten. Wir verwenden hier den Begriff Öko als Oberbegriff, da er für eine grüne Gesinnung steht, die zum Beispiel gegen Mikroplastik gerichtet sein kann oder pro Tierwohl, pro erneuerbare Energien, pro Biodiversität und so weiter.

Die Öko-Muffel Dies sind Menschen, die bereits in den Umfragen angeben, dass ökologische Nachhaltigkeit für sie keine große Rolle spielt. Sie stufen grüne Verhaltensweisen als nicht adäquat für sich ein oder lehnen sie gänzlich ab. Als Konsequenz greifen sie in der Regel nicht absichtlich zu grünen Produkten.

Keine grüne Einstellung = Kein grünes Verhalten

Auch diese Gruppe ist leicht zu begreifen, da ebenfalls kein Attitude-Behavior-Gap vorliegt. Wie auch bei den Öko-Fans gibt es in dieser Gruppe extremere Ausprägungen, also Menschen, die zum Beispiel den Klimawandel komplett verneinen. Dies ist jedoch die absolute

Minderheit. Den Begriff Öko verstehen wir hier abermals als Überbegriff für ökologische Nachhaltigkeit.

Die 60 % Dies sind die Menschen, die in Umfragen angeben, dass ihnen grüner Konsum wichtig sei. In ihrem Verhalten zeigt sich dies allerdings oftmals nicht:

Grüne Einstellung ≠ Verhalten

Bei dieser Gruppe liegt ein Attitude-Behavior-Gap vor. Und hier wird es interessant, denn wir gehen davon aus, dass dies auf den Großteil der Bevölkerung in Deutschland, Österreich und der Schweiz zutrifft. Es ist die breite Masse, die Mainstream-Konsument:innen, die in den Umfragen in Richtung Nachhaltigkeit nach vorn preschen und dann vor dem Supermarktregal doch wieder zögern und zu den konventionellen Alternativen greifen. Einstellung und Verhalten stimmen bei ihnen nicht überein. Darum lässt sich hier auch noch etwas bewegen. Hier liegt das große Potenzial!

Aufgrund solcher Umfragen lassen sich manche Entscheidungsträger:innen in ein hypothetisches grünes Konsumwunderland entführen.

Öko-Fans:	**Grüne Einstellung = Grünes Verhalten**
Die 60%:	**Grüne Einstellung ≠ Verhalten**
Öko-Muffel:	**Keine grüne Einstellung = Kein grünes Verhalten**

Sie gehen auf Basis von Einstellungen – also bestenfalls gut gemeinten Absichtserklärungen – davon aus, dass sich die Menschen tatsächlich nachhaltig verhalten werden. In den Verkaufszahlen schlägt sich diese Einstellung dann jedoch oftmals nicht nieder.

Sind es jetzt 50 %, 60 % oder 70 %? – kurze Begriffserklärung

Menschen neigen dazu, in Extremen zu denken, in Schwarz und Weiß. Unsere Welt ist jedoch viel komplexer – sie hat verschiedenste Grautöne. Und genau auf diesen grauen Bereich wollen wir die Aufmerksamkeit lenken. Dafür haben wir den Begriff der 60 % entwickelt.

Bei unserer Aufteilung geht es uns nicht um die genaue, prozentartige Aufteilung des Marktes, sondern um die Kernaussage: Es gibt eine breite Masse, die grünen Konsum gut findet, ihn jedoch nicht umsetzt. Das nennen wir das 60 %-Potenzial. Potenzial bedeutet in diesem Zusammenhang: Sie wollen zwar, aber aus den unterschiedlichsten Gründen tun sie es noch nicht. Ohne diese breite Masse ist »ein ökologischer Umbau von Industrie und Gesellschaft« nicht realistisch.[10]

Konzentrieren wir uns daher auf diese oft übersehene, aber breite Mehrheit. Was würde passieren, wenn sie ihr Konsumverhalten wirklich anpassen würde? Wenn sie konsistent zu nachhaltigen Shampoos, Jeans und Lebensmitteln greifen würde? Wenn sie freiwillig und begeistert auf ihr Verbrennerauto verzichten würde? Dies ist ein enormer Hebel und eben auch ein riesiges Potenzial. Anhand von Beispielen lässt sich das 60 %-Potenzial verdeutlichen:

- Private Konsumausgaben stellen insgesamt einen großen Hebel für die grüne Transformation dar. Laut Destatis werden 2 089,703 Milliarden Euro für private Konsumausgaben ausgegeben.[11] Was wäre, wenn künftig ein Großteil dieser privaten Konsumausgaben auf grünen Konsum entfallen würde?

- An den Öko-Muffeln kann man sich nur aufreiben, denn sie haben ihre ganz eigenen Denk- und Verhaltensweisen, die nur schwer zu verändern sind. Das 60%-Potenzial hingegen liegt in der breiten Masse: Sie sind grünem Konsum gegenüber positiv eingestellt, greifen jedoch oftmals zu konventionellen Alternativen, die zumeist nicht nachhaltig sind.
- Die Öko-Fans sind schon längst überzeugt. Sie anzusprechen bedeutet, Holz in den Wald zu tragen. Was ist aber mit den Menschen, welche zum Beispiel noch regelmäßig Fleisch essen? Mit welchen Interventionen oder Anreizen bekommt man diese Gruppe von Menschen dazu, wenigstens ab und zu auf Fleisch zu verzichten? Der Hebel wäre enorm und bedeutend größer, als würde eine kleine Gruppe der Bevölkerung dem Fleisch komplett entsagen.
- Der Fast-Fashion-Markt wächst weltweit.[12] Dies kann man als Indiz dafür werten, dass die breite Masse hier nur schleichend in eine Entschleunigung mitgenommen wird. Was wäre aber, wenn sie vollständig auf den Pfad der Slow Fashion einschwenken würde?

Was bringt die Aufteilung in Öko-Fans, Öko-Muffel und die 60%?

Wir gewinnen durch diese Aufteilung eine ganz neue Perspektive und damit auch einen Lösungsraum. Was wäre zum Beispiel, wenn das 60%-Potenzial eine wirkliche Anwendung in Unternehmensstrategien finden würde?

Strategien und Geschäftspläne werden dann nicht mehr für die bereits überzeugten Öko-Fans ausgearbeitet, sondern für all jene, die Nachhaltigkeit gut finden, aber nicht umsetzen. Und für diese Gruppe müsste natürlich ein Produktdesign, ein Werbespot oder ein Plakat ganz anders aussehen als für eine Gruppe von Menschen, die ökologisch überzeugt ist und sich dementsprechend verhält.

Wir bieten für Diskussionen auch einen neuen Begriff, den man als ständige Mahnwache am Rand der eigenen täglichen Entscheidungsfindung aufstellen kann: Ist das, was wir gerade machen, wirklich 60%-relevant? Oder ist es nur eine Nische?

Zuvor gab es keinen richtigen Begriff für diese Gruppe über verschiedene Branchen hinweg. Dabei ist sie die größte Einheit – allerdings eben auch die, die am tiefsten im Attitude-Behavior-Gap feststeckt. Schon aus rein betriebswirtschaftlichen Gründen sollten Entscheidungsträger:innen genau an dieser breiten Gruppe interessiert sein.

Dieser anonymen Masse einen Namen zu geben, ist der erste Schritt, um ihr auch ein Gesicht zu geben. Sich systematisch mit dem 60%-Potenzial zu beschäftigen bedeutet nämlich vor allem, es mit wachem Auge zu betrachten und mit offenem Herzen ehrlich zu reflektieren, um im Endeffekt hoffentlich besser zu verstehen, was diese Gruppe von Menschen antreibt und was sie braucht, um sich für grünen Konsum zu begeistern.

Die Aufteilung in Öko-Fans, Öko-Muffel und die 60% hat selbstverständlich auch ihre Grenzen:

- Wie auch Umfragen reduzieren wir hier die Komplexität, denn wir fassen die 60% in eine homogene Gruppe zusammen. Dies ist eine Vereinfachung, da die 60% sich natürlich stark unterscheiden können. Sie haben jedoch etwas ganz Wesentliches gemeinsam: Ihre Einstellung (»Grüner Konsum ist gut und wichtig«) spiegelt sich oftmals nicht in ihrem Verhalten wider.
- Hinter unserer Berechnung liegt keine wissenschaftliche Studie. Dies ist jedoch auch nicht unser Ziel. Mit den 60% wollen wir ein neues Denkkonzept anbieten und damit einen neuen Lösungsraum aufmachen.
- Das 60%-Potenzial wirklich zu berechnen, wäre sehr aufwendig. Besonders weil es sich sicherlich von Branche zu Branche unterscheidet. Zudem können sich Menschen in einem Bereich konsistent grün verhalten (zum Beispiel nur Bio-Produkte kaufen) und in einem anderen nicht (zum Beispiel Kurzstrecke fliegen). Eine Verfeinerung und Ausdifferenzierung liegen nicht im Interesse dieses Buches. Wir möchten ganz bewusst den Wald betrachten und nicht die Bäume.

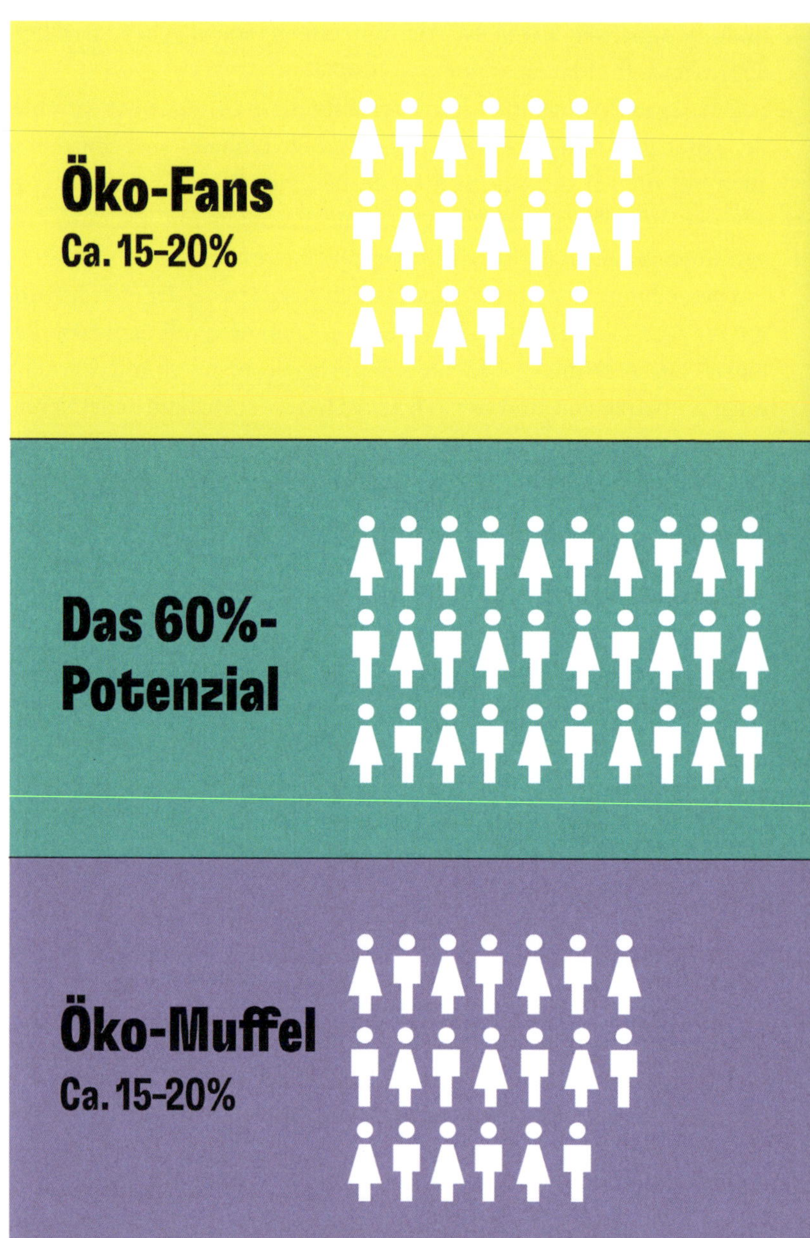

Abbildung 1: Das 60%-Potenzial und der Attitude-Behavior-Gap

Grüne Einstellung = Grünes Verhalten

Grüne Einstellung ≠ Verhalten

Keine grüne Einstellung = Kein grünes Verhalten

Warum ausgerechnet 60 %?

Wir verstehen die 60% als eine Annahme, die auf verschiedenen Studien aufbaut. Wir begnügen uns hier mit einer Rundung, da die Zahl über die verschiedenen Konsummuster und Branchen und in Zukunft über die Jahre veränderlich ist. Ganz klar handelt es sich hier nicht um eine exakte Zahl. Aber das ist für uns auch nicht wesentlich. Unsere Hauptaussage ist die folgende:

Für die breite Masse stimmt ihre grüne Einstellung nicht mit ihrem Verhalten überein. Sie befindet sich im Attitude-Behavior-Gap. Die Menschen in dieser Gruppe sind hin- und hergerissen zwischen ihrem nachhaltigen Bewusstsein und ihrer Lebensrealität, in der die Bequemlichkeit und der Preis eine starke Rolle spielen.

Dies zu knacken, ist für uns das Potenzial. Sind es jetzt nur 50% oder gar 70% der Menschen? Die genaue Zahl ist für uns nicht so wichtig, da es sich auf jeden Fall um einen enorm großen Raum handelt.

Hier ein paar Studien, welche zur Untermauerung unserer Hauptaussage herangezogen werden können:

- In einer Studie im Vereinigten Königreich werden 69% der Engländer:innen als die »Persuadables« bezeichnet. Das sind die Menschen, die noch zu grünen Verhaltensweisen bewegt werden können. Der Begriff »Persuadables« weist auf eine grüne Einstellung hin, die sich jedoch nicht immer im Verhalten äußert. Auch kommen bei dieser Studie wieder die beiden Extreme zum Vorschein: 14% sind die Menschen, die sich schon stark für Klimabelange einsetzen, 17% beziehen sich auf die Gruppe von Menschen, die partout nicht überzeugt werden können.[13]
- Laut der GfK (Gesellschaft für Konsumforschung) greifen nur 21% der Menschen häufig zu nachhaltigen Produkten, ob-

wohl 73% angeben, dass sie das wichtig finden. Dies ist eine Diskrepanz von rund 50%.[14] In der Studie wird die GfK noch expliziter: Für grünen Konsum wollen 65% der Bevölkerung nicht auf ihren Komfort verzichten.

- Auch das Marktforschungsunternehmen Nielsen[15] verwendet in einem seiner Reports eine ähnliche Aufteilung: Eine 26% starke Gruppe ist skeptisch gegenüber ökologischer Nachhaltigkeit. Sie verhält sich auch nicht sonderlich grün. Das andere Extrem bilden die sogenannten Evangelisten (19%). Sie haben eine grüne Einstellung und verhalten sich grün.

  Zwischen diesen beiden Extremen befinden sich drei Gruppen (zusammengerechnet 55%), bei denen die grüne Einstellung nicht mit ihrem Verhalten übereinstimmt.

- Im Edelmann Trust Barometer Special Report (2022)[16] geben circa 80% der Deutschen an, dass eine Kluft bestehe zwischen ihrem jetzigen Lifestyle und ihrer Vorstellung, wie klimafreundlich sie eigentlich leben wollen.

- Zalando adressiert in seinem Sustainable Fashion Report (2021)[17] den Attitude-Behavior-Gap in der Bekleidungsindustrie. 2 500 Menschen wurden dafür zu verschiedenen Aspekten befragt, die bei Einstellungen zur Nachhaltigkeit und Mode eine Rolle spielen. Es ging darum, wie wichtig den Befragten ein Aspekt ist und wie sie einschätzen, dass sie sich hinsichtlich dieses Aspekts verhalten. So sagen zum Beispiel 60% der Befragten, dass ihnen Transparenz bezüglich des Fashion Items sehr wichtig sei. Nur 20% geben dann jedoch an, dass sie sich das Label beim Shopping wirklich anschauen. Hier ergibt sich ein Potenzial von rund 40% – denn bei diesen 40% stimmt ihre grüne Einstellung nicht mit ihrem Verhalten überein.

- Das deutsche Umweltbundesamt präsentiert in einer repräsentativen Umfrage zu Bewusstsein und Verhalten bezüglich der Umwelt und des Klimas im Jahr 2020[18] eine Segmentierung der deutschen Bevölkerung: Die »Konsequenten« bilden mit den »Orientierten« (zusammen 27%) das eine Extrem; auf der anderen extremen Seite findet man die »Skeptischen« mit den »Ablehner:innen« (zusammen 26%). In der Mitte befinden sich die »Aufgeschlossenen« (25%) und die »Unentschlossenen« (22%) – zusammen 47%. Diese Mitte kennzeichnet sich durch eine sehr hohe/hohe Umwelteinstellung und ein mittleres/niedriges Umweltverhalten.
- Das Marktforschungsunternehmen IPSOS[19] hat sich im Zuge einer Studie damit beschäftigt, wie man den Markt auf den Achsen zwischen grüne Aktionen und grüne Einstellung einteilen könnte. Für Deutschland wurden hier 17% Aktivist:innen identifiziert (in unserer Sprache die Öko-Fans) und 20% Ablehnende (die Öko-Muffel). Bei diesen beiden Gruppen passen die Aktionen zur Einstellung. Zwischen diesen beiden Extremen finden sich noch rund 53%. Dies ist für uns die breite Mitte, das heißt die 60%, die es zu gewinnen gilt.

Mit dem 60%-Konzept können wir also auf die breite Masse fokussieren, die davor oftmals nicht sichtbar war. In Umfragen, in denen die Einstellung abgefragt wird, geht sie nämlich unter.

Wie können wir nun die 60% in der Mitte besser verstehen? Wie unterscheiden sie sich von den Öko-Fans und den Öko-Muffeln? Was sind ihre Charakteristiken? Was treibt sie an in Bezug auf grünen Konsum? Welche Gedankenmuster halten sie zurück?

Der Glaubenskampf zwischen Öko-Fans und Öko-Muffeln

Medial ist die Debatte von Nachhaltigkeit und grünen Konsummustern von den Extremen geprägt und dominiert damit auch unsere Wahrnehmung: Auf der einen Seite befinden sich die Öko-Fans und auf der anderen die Öko-Muffel.

Die Öko-Fans jung und wild?

In den Medien werden häufig junge Öko-Fans dargestellt, die mit ihren Worten und Aktionen auf den Klimawandel aufmerksam machen. Die Fridays-for-Future-Bewegung steht exemplarisch für diese Gruppe von Menschen.

Beim Fokus auf die Gen Z als sehr nachhaltige Generation wird oftmals vergessen, dass es auch in dieser Altersgruppe einen nicht kleinen Teil gibt, denen Nachhaltigkeit egal ist. Dies sieht man beispielsweise an den Erfolgen der chinesischen E-Commerce-Plattformen für Ultra-Fast-Fashion Shein oder Temu. Tatsächlich haben nur 24% der 14- bis 24-Jährigen in Deutschland jemals an einer Fridays-for-Future-Kundgebung teilgenommen.[20] Wie viele in der Altersgruppe regelmäßig zu den Kundgebungen gehen, bleibt unbeantwortet. Selbst in der Gen Z würden sich nur 15% zu den Klimaaktivist:innen zählen.[21] Die Pauschalisierung »jung = pro Klimaschutz und ökologischen Wandel« ist also falsch. Dieses öko-romantisch verklärte Bild der vor allem jungen und wilden Bio-Bewegung, das die öffentliche Wahrnehmung prägt und oftmals mit Fridays for Future und seinen Repräsentierenden als Gesicht verknüpft wird, ist ebenso wenig richtig wie hilfreich.

Wer sind also die Öko-Fans? Sie finden sich nicht nur in der jungen Altersgruppe, sondern scheinen über alle Altersgruppen hinweg verteilt zu sein. Und das ist auch gut so, denn wir brauchen keinen Grabenkampf Jung gegen Alt, sondern eine generationen- und klassenübergreifende Gesamtmobilisierung der breiten Masse. Alle müssen mitmachen und dabei gleichberechtigte Lösungsbausteine sein: Jung und Alt, Stadt und Land et cetera.

Medial wird besonders der demonstrierenden Gruppe um ihre ikonische Figur Greta Thunberg viel Aufmerksamkeit geschenkt. Die gezeigten großen Menschenansammlungen führen unweigerlich zu dem falschen Schluss, dass es sich hierbei um die breite Masse handelt. Bei den Demonstrierenden handelt es sich jedoch nur um einen kleinen Anteil der Bevölkerung.

Unser Verständnis von Öko-Fans bezieht sich daher nicht nur auf extreme Verhaltens- und Konsumweisen, sondern auch auf die »ganz normalen« Öko-Fans im Supermarkt. So sind ältere Altersgruppen weniger auf den Friday-for-Future-Kundgebungen anzutreffen, sondern sie zeigen sich mit ihren Geldbeuteln aktivistisch im Supermarkt. Mit steigendem Alter und oftmals auch steigendem Einkommen haben Menschen die Möglichkeit, in ihrem Einkaufsverhalten konsistent zum Beispiel auf Ökoprodukte oder auf Fairtrade-Produkte zu achten. Diese kosten nämlich in der Regel mehr, und man muss sie sich leisten können.

Die Öko-Muffel superreich und egozentrisch?

Am anderen Ende der Skala befinden sich die sogenannten Öko-Muffel. Auch hier schaffen es oftmals nur die Extreme in die Medien. So wird dann zum Beispiel getitelt, dass Superreiche mit ihren Privatjets die Luft verpesten oder auf andere Umweltbelange keine Rücksicht nehmen. Und in den sozialen Medien erregen Leugner:innen des Klimawandels geschickt die Aufmerksamkeit ihrer jeweiligen Gefolgschaft. Zum Glück handelt es sich hierbei nur um maximal 10% der Befragten.[22]

Andere Menschen in dieser Gruppe sehen die Verantwortung nicht bei sich. Ein Teil dieser Gruppe wird in der Wissenschaft unter dem Begriff »climate delay«[23] erforscht, was mit Klima-Ausreden übersetzt werden kann. Hierunter fallen Aussagen wie beispielsweise: »Der Klimawandel ist nicht mehr umkehrbar« oder »Aktionen für das Klima sollten eher bei anderen Marktakteur:innen ansetzen und nicht bei mir«.

Unser Verständnis von Öko-Muffeln geht noch einen Schritt weiter. Wir inkludieren eben auch Menschen, die grüne Konsumalternativen als nicht adäquat für sich einstufen oder einfach nicht in Betracht ziehen. Diese Ablehnung kann ideologisch motiviert sein, muss sie jedoch nicht. Als Konsequenz beziehen diese Menschen keine oder kaum grüne Konsumangebote. Es kann schon sein, dass sie unbewusst zu einem nachhaltigen Shampoo greifen, da der Markenauftritt verführerisch oder der Preis schlicht und ergreifend gut ist, aber ökologische Nachhaltigkeit ist für diese Gruppe kein Kaufkriterium.

Den Fokus auf die Mitte richten statt auf die Extreme

Weder bei den Öko-Fans noch den Öko-Muffeln handelt es sich um große Gruppen. Im Vergleich zur breiten Masse sind sie klein. Doch in den Medien wird wie gesagt in übertriebenem Maße auf die beiden Extremgruppen fokussiert und die wesentlich größere breite Masse wird glatt übersehen. Zwei Beispiele zeigen das deutlich.

Beim ersten Beispiel geht es um Parkplätze in München: In einem städtischen Projekt sollten Parkplätze in Grünflächen mit Rasen, Hochbeeten und Bänken umgewandelt werden. Diese Änderungsplanungen führten laut den Medien zu einer Spaltung des Wohnviertels. Es stünden sich zwei Gruppen gegenüber: eine will die Parkplätze behalten, und die andere setzt sich für eine grünere, menschenfreundliche Straße ein.[24] Es fällt kein Wort zum Größenverhältnis der beiden Gruppen und erst recht nicht zur unbeteiligten und darum medial unsichtbaren breiten Masse.

Repräsentiert diese Diskussion die wirkliche Mehrheit der Meinungen? Was ist mit den Anwohnern, denen das Thema nicht so wichtig ist? Die keine Lust zum Diskutieren haben oder vielleicht einfach keine Zeit, weil sie gerade andere persönlichere Sorgen haben, die ihre Aufmerksamkeit fordern? Vielleicht würden sich diese Menschen für einen Zwischenweg in der Mitte beider Extreme interessieren. Hier könnte man ansetzen, anstatt sich in Gegensätzen zu verlieren.

Das zweite Beispiel betrifft die Kontroverse über SUVs auf deutschen Straßen: In den Medien gibt es die SUV-Verteidiger:innen, die in dem Wagen ein praktisches Familienauto für Stadt und Umgebung sehen, und diejenigen, die SUVs als große Umweltverpester bezeichnen[25], sie setzen eher auf Lastenräder. Man hat das Gefühl, dass auf dieser Welt eigentlich nur diese beiden Gruppen existieren, und zwar in unseren Worten die Öko-Muffel und die Öko-Fans. Sie verlieren sich oftmals in einer Endlosdiskussion. Eine Lösung scheint hier nicht in Sicht, so stark haben sich die Argumente dogmatisch verkeilt. Was ist jedoch mit der breiten Masse? Denken diese Menschen überhaupt aktiv über SUVs nach? Und lautet die richtige Frage überhaupt SUV versus Lastenfahrrad? Laut TV-Moderatorin und YouTuberin Mai Thi Nguyen-Kim eben nicht, denn es gibt nämlich viele Lösungen dazwischen, wie zum Beispiel E-Autos.[26]

Dieser Fokus auf die Extreme führt dazu, dass viele Menschen fälschlicherweise glauben, dass sich die breite Masse nicht wirklich für das Klima interessiert. Eine Studie der Universität Erfurt zeigt, dass gut die Hälfte der Deutschen den politischen Klimaschutz »stark unterstützt«, aber nur einem Drittel bewusst ist, dass diese Haltung auch für die Gesellschaft insgesamt gilt.[27] Diese Diskrepanz wird in der Wissenschaft als »pluralistische Ignoranz« bezeichnet. Dieses Phänomen entsteht, wenn sich Menschen an den Reaktionen ihrer Mitmenschen orientieren, um ihre Werte und ihr Verhalten zu kalibrieren. Schweigen wird dabei oft fälschlicherweise als Zustimmung zum Status quo interpretiert.

Doch was passiert, wenn Menschen denken, dass sie mit ihrer Meinung in der Minderheit sind? Sie haben Angst, belächelt zu werden, wenn sie ihren Einstellungen Taten folgen lassen. Beispielsweise befürchtet man, dass ein neues veganes Gericht im Freundeskreis nicht gut ankommt, und kocht deshalb lieber ein bekanntes Fleischgericht, von dem man weiß, dass es allen schmeckt. Auch Unsicherheit kann ein Hindernis sein, da man nicht der/die Erste sein möchte, der/die ein neues Verhalten zeigt. Eigentlich interessiert man sich für ein Elektroauto, aber in Erwartung negativer Kommentare bei Familienfeiern oder im Freundeskreis traut man sich nicht, klar zu seinen Ansichten zu stehen.[28]

Meinungsextremismus ist also wie ein »Sitzriese«. Direkt gegenüber und im Fokus kommt er einem riesig vor. Aber steht er auf und läuft herum, sodass man ihn mit etwas mehr Abstand und im Vergleich zu anderen betrachten kann, wirkt er plötzlich unheimlich klein. Der Blick auf die 60% soll diesen Vergleich ermöglichen, Relationen verdeutlichen und ermutigen, das wahrhaft große Potenzial in Angriff zu nehmen, statt sich an den Extremen abzuarbeiten.

Für eine gelingende grüne Transformation müssen wir die Menschen ranholen und vereinen, statt sie abzustoßen und zu vereinzeln. Wie können wir das für die 60% bewerkstelligen? Wie ticken sie denn wirklich? Und was sind ihre stärksten gemeinsamen Nenner?

Wie verhalten sich die 60%?

Um es noch einmal zusammenzufassen: Bei den 60% stimmt ihre grüne Einstellung oftmals nicht mit ihrem Verhalten überein. Wenn sie vor dem Regal im Supermarkt stehen, gewinnen die niedrigeren Preise die Oberhand und das Kriterium Nachhaltigkeit tritt in den Hintergrund. Oder sie verwerfen den Gedanken an die Bahnfahrt und nehmen doch das Flugzeug, da es schneller und bequemer ist. Sie wollen sich etwas gönnen und ihre Freizeit genießen – schließlich haben sie ja hart dafür gearbeitet. Sie legen sich Fleisch auf den Teller, einfach weil es eine Routine ist, die nicht mehr hinterfragt wird.

Zuerst wollen wir die 60% von den extremeren Rändern, den Öko-Fans und Öko-Muffeln, abgrenzen. Die Öko-Fans und Öko-Muffel sind konsistenter in ihren Verhaltensweisen und Konsummustern. Das heißt, sie kaufen entweder regelmäßig grüne Produkte oder achten überhaupt nicht darauf. Ihre Einstellung zu grünem Konsum bildet sich in der Regel in ihrem Verhalten ab. Zielkonflikte kommen da selten auf, da sie oftmals ihr Verhalten einer einzigen Priorität unterordnen.

Plakativ kann man sich die Prioritäten der jeweiligen Gruppen folgendermaßen vorstellen:

Öko-Fans = Pro Umwelt

Öko-Muffel = Pro Lifestyle

Diese Gruppen denken eher in Schwarz und Weiß, das heißt dogmatisch. Das zeigt sich auch in ihrem Verhalten, beispielsweise darin, wie sie über andere Menschen reden. »Umweltverpester:innen« oder »weltverklärende Ökos« werden schnell von ihnen verbal abgestraft.

Das Verhalten der beiden Gruppen kann dadurch allerdings leichter nachvollzogen und verstanden werden. Wir denken nämlich auch über diese Gruppen in Schwarz und Weiß.

Was ist nun mit dem Graubereich? Die 60% können anscheinend widersprüchliche Verhaltensweisen miteinander kombinieren und in Einklang bringen – und das ohne Störgefühle oder schlechtes Gewissen. Sie können mit einem SUV zum Biomarkt fahren. Auch eine vegane Ernährung und Lederschuhe stehen in keinem Widerspruch für sie. Eine ähnliche Beobachtung lässt sich auch im Buch *Fremd in ihrem Land* nachlesen, in dem Konsument:innen, welche die Natur lieben, auf die Jagd gehen und einen SUV fahren.[29]

Beispielhaft sei hier Nico Rossberg, der ehemalige Formel-1-Weltmeister erwähnt: Für ihn sind Formel-1-Rennen, die mit ihrem Logistikaufwand eine wahrhaftige Klimaschleuder sind, und seine Investitionen in Green Tech kein Gegensatz, sondern gut miteinander zu vereinbaren.[30]

Der Graubereich drückt sich auch darin aus, wie die 60% über andere Menschen sprechen und ihr eigenes Verhalten beurteilen. So scheint es zum Beispiel für die 60% kein Widerspruch zu sein, sich für nachhaltige Themen zu engagieren und dennoch mit dem Privatjet um die Welt zu fliegen. So kann Prinz Harry eindrücklich mit den Worten »Our world is on fire« für die grüne Transformation werben, bevor er wieder das Flugzeug besteigt. In einigen Medien wurde er dafür als »Öko-Heuchler« bezeichnet, doch der große Entrüstungssturm der breiten Masse blieb aus. Im Gegensatz zu den Öko-Fans ist solch ein Verhalten für sie tolerierbar oder gar nicht widersprüchlich.

Genau das zeigt sich auch im Konsumverhalten der 60%. Sie kombinieren dabei vermeintlich unvereinbare Verhaltensweisen, je nach Präferenz und Kontext, indem sie zum Beispiel Gelegenheits-Bio-Käufer:innen, Flexitarier:innen oder allgemein in ihrem Konsumverhalten Gewohnheitstiere sind.

	Öko-Fans	Die 60%	Öko-Muffel
Verhaltensweisen	Dogmatisch	Pragmatisch	Dogmatisch
Einstellung	Pro Umwelt	Pro Umwelt + Pro Lifestyle	Pro Lifestyle
Stereotyp (überspitzt)	• Reformhauskäufer:innen • Bahnfahrer:innen • Kleiner Teil: Klimademonstrierende	• Gelegenheits-Bio-Käufer:innen • Flexitarier:innen	• Opportunist:innen • SUV-Fahrer:innen • Kleiner Teil: Klimaleugner:innen

Tabelle 1: Vergleich von Öko-Fans, Öko-Muffeln und den 60%

Die Unterschiede zwischen den 60% und den Öko-Fans kann man sich anhand der beiden Eigenmarken Balea und Alverde der deutschen Drogeriemarktkette dm verdeutlichen. Alverde ist in seiner Kommunikation und Designsprache auf die Öko-Fans ausgerichtet. Der Hinweis zur Naturkosmetik findet sich sehr prominent auf der Verpackung. Auch der Markenname suggeriert sofort, dass man etwas Gutes für die Umwelt tut. Dies spricht klar die Gruppe der Öko-Fans an. Pro Umwelt steht hier im Vordergrund.

Balea besetzt ebenfalls Bio- und andere Nachhaltigkeitsattribute, doch sie stehen längst nicht so prominent im Vordergrund wie bei alverde. Wer Balea im Regal sieht, dem fällt zuerst die bunte Verpackung und der günstige Preis auf – es gibt zwar Nachhaltigkeitslabels, die verschwinden jedoch eher im Hintergrund.

Das ergibt auch einen Sinn: Balea ist eine Marke für die 60%, und diese Gruppe priorisiert je nach Kontext mal ökologische Gesichtspunkte und mal ihren Lifestyle. Im Idealfall bekommt sie beides zu einem bezahlbaren Preis. Pro Lifestyle steht bei Balea im Vordergrund. Die Marke erfüllt jedoch auch einige ökologische Kriterien. Dies erlaubt es den 60%, pro Lifestyle und pro Umwelt zu kombinieren.

Dafür, dass sich die 60% trotz ihrer grünen Gesinnung oftmals nicht grün verhalten, gibt es ganz unterschiedliche Erklärungen. Teilweise fehlen die nachhaltigen Alternativen (etwa, weil es sie in dem Shop um die Ecke nicht zu kaufen gibt), die nachhaltigen Alternativen sind teurer als die konventionellen, oder die 60% wissen es einfach nicht besser und haben auch nicht die Muße, an ihren Wochenenden zu recherchieren, welches Produkt denn nun für die Umwelt besser ist.

Wenn die 60% dann in dem einen Supermarkt zu einem nachhaltigen Produkt greifen und in dem anderen nicht, ist dies für sie kein Widerspruch. Es ist kein Problem, nur ab und zu Bio zu kaufen oder ab und zu Fleisch zu essen. Die 60% haben viele Gesichter und sind weniger leicht vorhersagbar. So sind sie Gelegenheits-Bio-Käufer:innen, Flexitarier:innen und manchmal auch einfach nur Gewohnheitstiere.

Die 60% als Gelegenheits-Bio-Käufer:innen

Im Gegensatz zu den Öko-Fans kaufen die 60% nur gelegentlich Bio. Sie haben hier einen pragmatischen Ansatz und entscheiden sich je nach Situation und Kontext, je nach Stimmungs- und Kassenlage für oder gegen nachhaltige Produkte. Das spiegelt sich auch in den Marktanteilen wider: Auf den Lebensmitteleinzelhandel (wie zum Beispiel Edeka oder Rewe) entfallen rund zwei Drittel der Bio-Lebensmittel, auf den Naturkosthandel (wie zum Beispiel spezialisierte Reformhäuser) nur rund 20%.[31]

Die 60% gehen eben nicht ins Reformhaus oder den Naturkosthandel wie die Öko-Fans, sondern in den Supermarkt. Dort kaufen sie die Bio-Linie – aber auch nur ausgewählte Produkte und nicht den gesamten Einkauf. Ab und zu passen die Bio-Produkte zu ihrem Lifestyle und manchmal eben nicht. Der große Supermarkt gibt ihnen also die gewünschte Wahlfreiheit und spricht sie mit einer passenden Kommunikation an. Für die 60% ist es nicht so wichtig, woher sie ihre Bio-Lebensmittel beziehen – sie können auch aus dem Discounter sein, wo sie neben den Billigstlebensmitteln angepriesen werden.

Lucy (24)

Studentin, single

- War früher bei Fridays for Future
- Hat geringes Einkommen und kauft daher günstige Produkte ein
- Einstellung ungleich Verhalten > Teil des 60%-Potenzials

Andreas (45)

Mittleres Management, drei Kinder

- Macht sich Sorgen um die Umwelt, ist aber dennoch nicht bereit, auf den Malediven-Urlaub zu verzichten
- Ein gutes Stück Fleisch gehört für ihn mehrmals die Woche einfach dazu
- Einstellung ungleich Verhalten > Teil des 60%-Potenzials

Martina (57) & Ludwig (58)

Angestellte, drei Kinder

- Beide noch im Berufsleben
- Sie wissen teils nicht, welche Produkte nachhaltig sind und welche nicht
- Gehen aus Bequemlichkeit zum Supermarkt um die Ecke. Dieser führt kaum nachhaltige Produkte.
- Einstellung ungleich Verhalten > Teil des 60%-Potenzials

Abbildung 2: Die verschiedenen Gesichter der 60%

Der Biosupermarkt-Filialist Alnatura scheint an der Grenze zwischen Öko-Fans und den 60% positioniert zu sein: Die Läden zeigen eine stringente Bio-Ausrichtung, sind jedoch ein wenig frischer, hipper und moderner als die traditionellen Reformhäuser. Alnatura hat sich des Öko-Touches entledigt und spricht hiermit mehr Menschen an – ihr Markt ist also größer. Dies könnte auch ein Erklärungsansatz sein, wieso Alnatura, im Vergleich zu anderen Biosupermärkten, geringere Umsatzeinbußen hinnehmen musste.[32]

Die 60% als Flexitarier:innen

Während es für strikte Veganer:innen oftmals ein Widerspruch ist, dass eine Metzgerei vegane Produkte anbietet, scheint dies für die 60% nicht der Fall zu sein. Sie wählen je nach Situation mal die fleischlose Variante und mal das Fleisch – ganz pragmatisch, kontextabhängig und ohne schlechtes Gewissen. Sie sind eben Flexitarier:innen! Diese Ernährungsform kann unterschiedlich rigide ausgeführt werden, aber in den Grundzügen setzen Flexitarier:innen viel auf vegetarische Lebensmittel, gönnen sich aber dennoch gelegentlich ein Stück Fleisch.

Diese undogmatische, jedoch durchaus nachhaltigere Ernährungsform im Vergleich zum täglichen Fleischverzehr scheint auch für die breite Masse attraktiv zu sein. In einer Umfrage gaben circa 10% der Befragten an, dass sie sich vegetarisch oder vegan ernähren.[33] Diese Menschen treffen wir mit allerhöchster Wahrscheinlichkeit in der Gruppe der Öko-Fans an. 31,3% sagten, dass sie sich flexitarisch ernähren. Die flexitarische Ernährungsform hat damit zwar noch nicht das ganze 60%-Potenzial erreicht, aber dieses Konzept, den Umwelt- und den Lifestyle-Gedanken zu kombinieren, hat bereits einen ersten Fuß in die breite Masse gesetzt.

Rügenwalder Mühle hat genau dieses Potenzial der 60% erkannt. Das Unternehmen, das ursprünglich eine Fleischerei war, bietet mehrere fast schon ikonische Produkte an, zum Beispiel die Schinken Spicker. Diese Schinken Spicker und viele weitere Wurstwaren gibt es mittlerweile auch in einer veganen Variante. Ist Wursthersteller und vegan ein Widerspruch? In den Augen der breiten Masse nicht. Die

60% gehen nämlich pragmatisch an ihre Ernährung heran. Und dies hat Rügenwalder Mühle erkannt. Daher wurde der Markenauftritt für das vegane und das Fleischprodukt fast identisch gehalten. Und dies ist gut so für die 60%: Sie haben nämlich gelernt, Rügenwalder Mühle zu vertrauen. Deren Produkte schmecken ihnen, und deshalb können sie auch zuversichtlich ab und zu in die vegane Wurst beißen – und damit auch noch etwas für die Umwelt tun. Für strikte Veganer:innen wäre es wohl eher keine Option, Fleischersatzprodukte bei einem Wurstwarenhersteller wie Rügenwalder Mühle zu kaufen.

Die 60% als Gewohnheitstiere

Im Gegensatz zu den anderen beiden Gruppen verhalten sich die 60% nicht dogmatisch, sondern pragmatisch. Sie wollen es unkompliziert. Auch wenn sie eine grüne Einstellung haben, denken sie nur selten darüber nach, wie sich ihr Konsumverhalten noch nachhaltiger und damit grüner machen ließe. Sie nehmen es oftmals, wie es kommt, und hinterfragen nicht jede ihrer Verhaltensweisen kritisch – wie es so mancher Öko-Fan machen würde. Beim Black Friday kaufen die 60% gerne und ohne Gewissensbisse ein. Seit Wochen haben sie auf diesen Tag hingefiebert und werden auch noch die kommenden Jahre ihre großen Anschaffungen darauf ausrichten. Sie machen das schon fast routiniert. Es ist beinahe eine Gewohnheit, jährlich an diesem Tag die neusten hippen Produkte zu »schießen« oder sich selbst die lang erträumten Ski zu gönnen. Verzichtsaufrufe werden sie nicht erreichen. Eher führen sie bei ihnen zu Reaktanz: Warum gönnt man mir mein Schnäppchen nicht?

Gegenkonzepte, wie zum Beispiel der Green Friday, werden die 60% nur schwerlich erreichen. Am Green Friday soll der eigene Konsum kritisch reflektiert werden, und im besten Fall werden nur nachhaltige Marken gekauft. Solche Ansätze sind auf Öko-Fans ausgerichtet und würden für die 60% bedeuten, ihre liebgewonnenen Gewohnheiten aktiv zu hinterfragen. Und dies wäre mit Aufwand verbunden!

Für die 60% braucht es stattdessen praktikable und niedrigschwellige Ansätze. Hierhin liegt ein großer Hebel: Indem man nachhaltiges

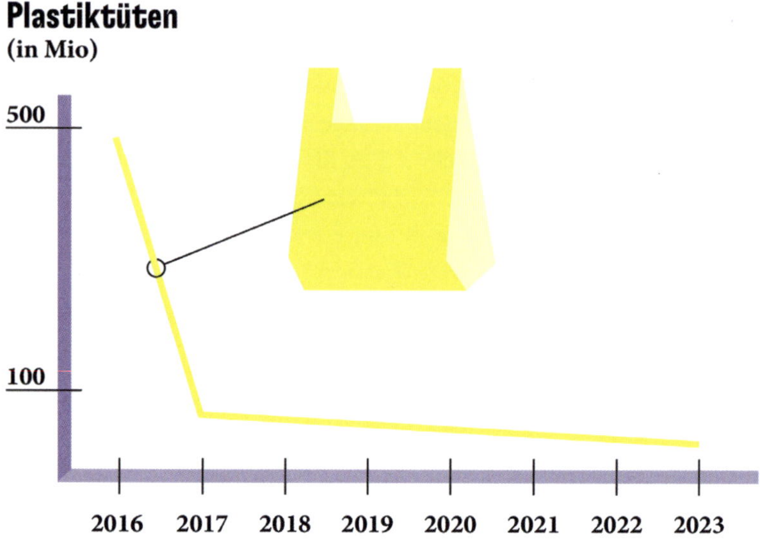

Abbildung 3: Kleine Gebühr mit großer Wirkung

Verhalten für sie so einfach wie möglich gestaltet, kann man hoffen, dass sie in Zukunft auch grüne Verhaltensweisen als Gewohnheiten praktizieren.

Dies kann man an der Einführung der 5-Rappen-Gebühr für Plastiktüten im Schweizer Einzelhandel verdeutlichen. Bis dato waren die Plastiktüten an den Kassen kostenlos zu haben, und die Schweizer:innen griffen zu. Sie waren es so gewohnt, und der Großteil von ihnen hat wahrscheinlich gar nicht darüber nachgedacht, wie wenig nachhaltig diese Plastiktüten sind. Laut der Swiss Retail Federation wurden knapp 450 Millionen Plastiktüten damit jährlich in Umlauf gebracht.

Dann wurde eine Gebühr von 5 Rappen (etwa 5 Cent) für die Plastiktüten eingeführt, was den Gebrauch von Plastiktüten drastisch reduziert hat. Wie kann man sich das erklären?

Da sich der Großteil der Schweizer:innen problemlos so günstige Plastiktüten leisten kann, muss die 5-Rappen-Gebühr auf der psychologischen Ebene etwas ausgelöst haben. Dieser minimale Geldbetrag bewirkte bei der breiten Masse, dass sie nicht mehr routinemäßig zur

Plastiktüte griff, sondern kurz innehielt und sich fragte, ob die Plastiktüte wirklich nötig sei. Die Aktion hat sozusagen einen kleinen Reflexionsprozess in Gang gesetzt. Die Kund:innen wurden dazu angehalten, ihre eigenen Routinen (»Ich greife zur Plastiktüte, weil sie da ist und ich das immer so getan habe«) nicht einfach unhinterfragt auszuführen.

Das Hinterfragen und Optimieren bewährter Routinen gehört nicht zum Repertoire der 60%, sondern eher zu dem der Öko-Fans. Doch Gewohnheiten können mit guten Angeboten gebrochen werden. Man denke nur an das 9-Euro-Ticket. Auch hier wurde es den 60% »leicht« gemacht, das geliebte Auto in der Garage stehen zu lassen und die »verhasste« Bahn zu nehmen. Es wurden rund 52 Millionen 9-Euro-Tickets verkauft, was nah an unser 60%-Potenzial herankommt. Es wurden neue Fahrrekorde erzielt, da es der breiten Masse einfach wahnsinnig attraktiv gemacht wurde, die Bahn zu nehmen.

Viele der Öko-Fans werden auch noch in Zukunft viel Bahn fahren, aber was ist mit den 60%? Hat man es hier wirklich geschafft, eine neue Gewohnheit zu schaffen? Für die 60% steht zu befürchten, dass sie, ohne zu zögern, wieder auf ihr Auto zurückgreifen oder auch zu jeglicher anderen Mobilitätsalternative wechseln werden, die ihnen durch einen günstigen Preis und hohe Servicevorteile schmackhaft gemacht wird.

Wenn man es ihnen »leicht« und bequem macht, dann fällt es den 60% nicht schwer, sich für grüne Verhaltensweisen zu entscheiden. Ein kleiner Schubs in die richtige Richtung kann hier viel bewirken. Doch wie schubst man sie?

Kapitel 3

Customer Insights für die 60%

Eins ist klar: Die 60% ticken anders als die Öko-Fans. Was begeistert sie? Was treibt sie um? Wie treffen sie ihre Entscheidungen? Und wie unterscheidet sich ihr Mindset von dem der Öko-Fans?

Bei kleinen Konsumprodukten ist es für die meisten Menschen oftmals keine Frage des Sich-leisten-Könnens, sondern eher des Sich-leisten-Wollens. Was hindert sie also, beispielsweise die Bambuszahnbürste statt der Kunststoffvariante zu kaufen? Oder wie können wir sie dafür begeistern?

Den Customer Insights in diesem Kapitel sei vorangestellt, dass wir die 60% als eine homogene Gruppe darstellen, was in der Realität natürlich nicht der Fall ist. Welcher von den jeweiligen Customer Insights in welcher Gewichtung auf die Kundschaft zutrifft, muss von Fall zu Fall entschieden werden. Wir bieten die Customer Insights an, um einen Denkanstoß zu liefern, und erheben keinen Anspruch auf vollumfängliche Richtigkeit.

In Tabelle 2 stellen wir das Mindset der 60% dem der Öko-Fans gegenüber. Interessanterweise haben wir oft die Denkweisen und Einstellungen der Öko-Fans im Kopf, wenn wir Annahmen über die breite Masse treffen. Dieser falsche Fokus bei der Vermarktung von nachhaltigen Angeboten führt natürlich zu Fehlannahmen und potenziell auch zu Fehlentscheidungen.

Wie der Fokus auf das 60%-Potenzial einen neuen Denkanstoß liefern kann, zeigen die folgenden Beispiele:

Beispiel 1: Mit einer neuen Kommunikationskampagne sollen die Vorteile einer Wärmepumpe für Privathaushalte beworben werden. Wenn man im Öko-Fan-Mindset denkt, würde man sicherlich Nachhaltigkeitsvorteile wie beispielsweise CO_2-Einsparungen stark in den Vordergrund stellen. Aber ist das wirklich ansprechend für die 60%? Für sie wäre eher relevant, wie viel Geld sie damit einsparen können oder dass sie mit einer Wärmepumpe zur technologischen Avantgarde gehören. Denn durch die Customer Insights für das 60%-Potenzial wissen wir: Ökologische Nachhaltigkeit heißt für die 60% nicht, die Welt zu verbessern. Es muss sich auch für sie »lohnen«.

Mindset der Öko-Fans	Mindset der 60%
Das Wort Nachhaltigkeit ist bei den Öko-Fans positiv besetzt.	Das Wort Nachhaltigkeit hat bei den 60% ein Imageproblem.
Die Öko-Fans verwenden viel Zeit darauf, sich zu informieren, um daraufhin die »richtige« Entscheidung zu treffen.	Die 60% wollen das »Richtige« tun, aber mit möglichst wenig Aufwand. Sie suchen nach Pfaden im Informationsdschungel.
Ökologische Nachhaltigkeit ist das entscheidende Kriterium bei den Kaufentscheidungen der Öko-Fans.	Bei den 60% schlägt der Preis die Nachhaltigkeit. Aber es gilt auch: Marke schlägt Preis.
Nachhaltigkeit ist ein differenzierender Faktor für die Öko-Fans.	In den Augen der 60% ist ökologische Nachhaltigkeit kein differenzierender Faktor mehr.
Die Öko-Fans erwarten Perfektionismus bei nachhaltigen Bestrebungen, und Greenwashing-Vorwürfe stehen schnell im Raum.	Angst vor Greenwashing und deshalb Greenhushing? Für die 60% ist Nachhaltigkeit ein Weg und kein Endzustand.
Bei den Öko-Fans scheint die Umwelt der gemeinsame Nenner zu sein.	Innerhalb der 60% herrscht ein sehr unterschiedliches Verständnis von Nachhaltigkeit.
Das primäre Ziel der ökologischen Nachhaltigkeit bei den Öko-Fans ist, die Welt zu verbessern.	Nachhaltigkeit muss sich »lohnen«. Die 60% wollen vor allem das eigene Leben verbessern.

Tabelle 2: Die Denkweise und Einstellungen der Öko-Fans und der 60% im Vergleich

Beispiel 2: Ein Einzelhändler will auf seiner Webseite über nachhaltigen Konsum informieren. Zum Beispiel will er erklären, dass lange Transportwege nicht immer den negativen Ausschlag geben und unter bestimmten Umständen Erdbeeren aus Spanien nachhaltiger sein können als Erdbeeren aus Deutschland.

Erreicht der Einzelhändler damit seine Kundschaft? Wenn er Glück hat, die Öko-Fans, aber nicht die 60%. Denn diese werden weiterhin denken: »Spanien, Flugzeug, lange Transportwege – das kann nicht nachhaltiger sein als Erdbeeren aus Deutschland.«

So ist die landläufige Sichtweise, die sich mit unseren Customer Insights für das 60%-Potenzial deckt: Die 60% wollen das »Richtige« tun, aber mit möglichst wenig Aufwand. Sie suchen nach Abkürzungen im Informationsdschungel, und die Faustformel »Langer Transport = schlecht für die Nachhaltigkeit« ist eine solche Abkürzung.

Beispiel 3: Ein Unternehmen will nach außen kommunizieren, was es im Bereich Nachhaltigkeit bereits erreicht hat. In der entsprechenden Kommunikationskampagne, die den Beitrag des Unternehmens zum Artenschutz zeigt, werden stolz die Worte »Nachhaltigkeit« und »Biodiversität« benutzt. Das Unternehmen erwartet eine breite, positive Resonanz. In ein paar Fachzeitschriften werden sie lobend erwähnt, doch die Jubelstürme bleiben aus. Unsere Customer Insights für die 60% erklären, wieso: Das Wort Nachhaltigkeit und verwandte Wörter haben bei den 60% ein Imageproblem.

Customer Insight 1

Das Wort Nachhaltigkeit hat bei den 60% ein Imageproblem.

Verzichte, Verteuerungen, Vernunft, Vertrauensverlust und Veränderung – besonders rosig sehen die 60% die grüne Konsumwelt nicht. Die Zielzustände nachhaltiger Transformation in unserem Konsum- und Alltagsleben sind über alle Warengruppen hinweg vernünftig und richtig, aber eben nicht sexy. Weniger Fleisch, Schwitzen in der vol-

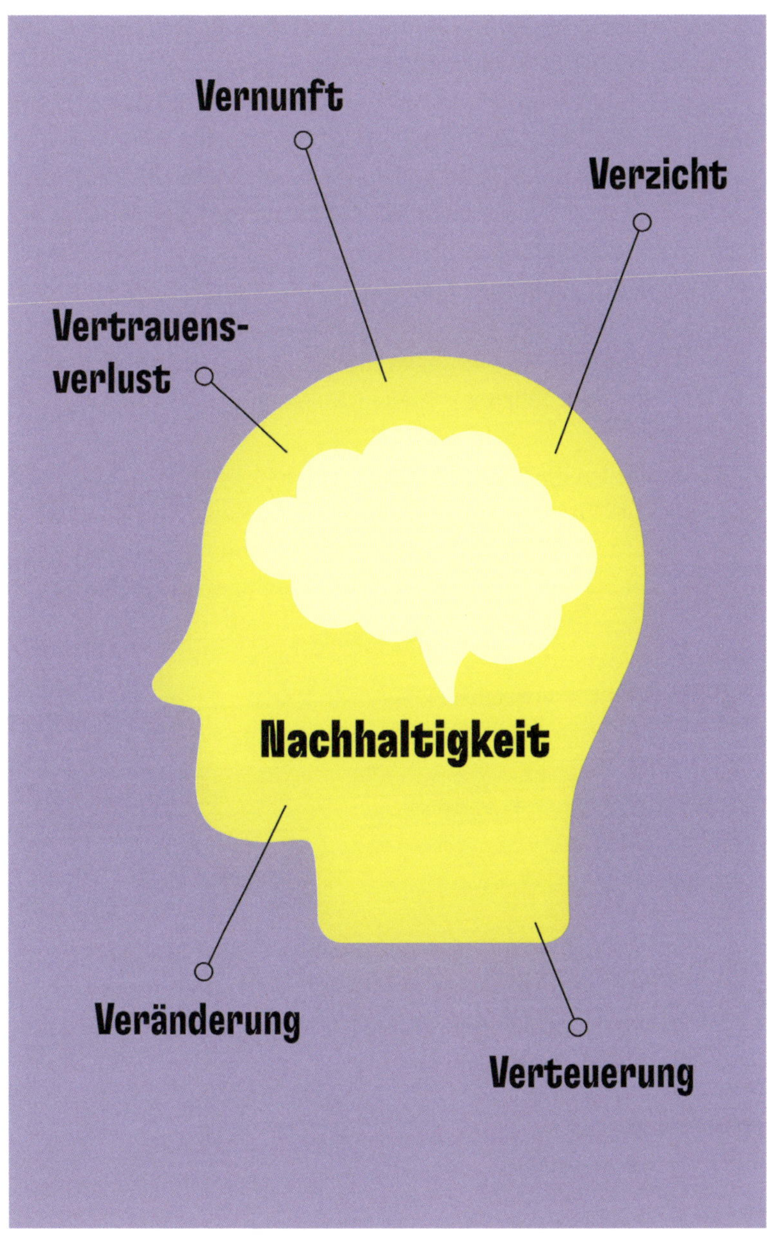

Abbildung 4: Was verbinden die 60% mit dem Wort Nachhaltigkeit?

len Straßenbahn, Klamotten aus dem Secondhandladen – das ist alles nicht vergnügungssteuerpflichtig.[34]

In einer Studie wurde untersucht, welches Wort am häufigsten mit »sustainable fashion« verbunden wird.[35] Die meisten Nennungen erhielt das Wort »schuldig«, die wenigsten Nennungen erhielt das Wort »Spaß«. Das zeigt bereits das Grundproblem auf: Anscheinend verbindet die breite Masse Nachhaltigkeit nicht mit den schönen Dingen des Lebens, nicht mit Spaß und Lust, sondern mit Schuld und Frust. Ähnlich geht es den mit Nachhaltigkeit verwandten Begriffen »vegan« oder »Öko«. Sie sind fast schon zu Kampfbegriffen geworden oder zumindest in weiten Teilen der breiten Masse momentan nicht positiv besetzt.

Was verbinden die 60% mit dem Wort Nachhaltigkeit und verwandten Begriffen? Wir bieten hier das Konzept der 5 Vs an: Verzicht, Verteuerung, Veränderung, Vertrauensverlust und Vernunft. Das Wort Nachhaltigkeit hat bei den 60% tatsächlich ein gewaltiges Imageproblem.

Nachhaltigkeit = Verzicht

Marie Luise Wolff, Präsidentin des Bundesverbands der Energie- und Wasserwirtschaft, über den Klimaschutz (2023): »Wir werden **Verzicht** üben müssen.«

Philipp Lepenies (2022) meint in seinem Buch *Verbot und Verzicht. Politik aus dem Geiste des Unterlassens*, dass »eine sozial-ökologische Transformation ohne **Verbot und Verzicht** nicht gelingen wird«.

Ein Werbeslogan der Bio Company lautet: »Kauf **weniger!**«

Luisa Neubauer, Klimaschutzaktivistin, sagte im Deutschlandfunk: »Wir werden auch natürlich sozusagen Dinge umstellen müssen, und wenn man möchte, kann man das mit **Verzicht** labeln.«

Motivieren Nachhaltigkeitsappelle, in denen Nachhaltigkeit mit Verzicht gleichgesetzt werden, die Menschen? Einen Teil der Öko-Fans sicherlich, denn sie sind bereit, Einschränkungen hinzunehmen.

Motiviert Verzicht aber die 60%? Wahrscheinlich eher nicht, denn wer verzichtet schon gerne? Olaf Scholz brachte es in einer Rede zum Deutschen Nachhaltigkeitspreis auf den Punkt: »Wir müssen Nachhaltigkeit anders erzählen. Mich hat es jedenfalls nie überzeugt, Nachhaltigkeit automatisch mit Verzicht gleichzusetzen.«[36] Tatsächlich verbinden viele Menschen Nachhaltigkeit mit Entsagung. Auch Luisa Neubauer unterstreicht das mit ihrer folgenden Aussage: »Denn sie [die Parteien] werden klimapolitische Maßnahmen ergreifen müssen, es wird Verzicht geben müssen – aber jetzt holen sie sich erst einmal die Stimmen ab.«[37] Die breite Masse setzt klimapolitische Maßnahmen mit Enthaltsamkeit gleich, und damit kann man keine Wahl gewinnen.

Das Investmentunternehmen Pangaea Life sprach im Rahmen einer YouGov-Studie zum nachhaltigen Investieren mit 2094 Menschen. 28% von ihnen verbanden das Wort Nachhaltigkeit mit Verzicht.[38] In einer anderen Studie gaben sogar 40% der Menschen an, dass sie glauben, dass sie beinahe all ihre Lieblingsaktivitäten in ihrem Leben aufgeben müssten, um ihren CO_2-Fußabdruck zu reduzieren.[39]

Auch in verschiedenen wissenschaftlichen Studien sieht man, dass grüner Konsum oftmals mit Verzicht gleichgesetzt wird. Man verzichtet dann ganz konkret auf Effektivität oder Geschmack. Eine Studie hat zum Beispiel gezeigt, dass Menschen nachhaltige Produkte als weniger effektiv wahrnehmen.[40] Dazu führten Forschende ein Feldexperiment in einem Krankenhaus durch. Beim Eingang platzierten sie jeweils ein nachhaltiges und ein normales Desinfektionsmittel. Daraufhin beobachteten sie, wie oft welches Desinfektionsmittel gewählt wurde. Wenn sie sich nicht beobachtet fühlten, griffen nur 40% der Männer zu dem nachhaltigen Desinfektionsmittel, und das, obwohl über verschiedene Altersgruppen hinweg Menschen angeben, dass Nachhaltigkeit für sie wichtig sei. Die Angst, dass ein nachhaltiges Produkt weniger wirksam sein könnte, bringt sie dazu, doch eher das konventionelle Desinfektionsmittel zu wählen.

Wenn sich Konsument:innen jedoch beobachtet fühlen, wählen sie eher die nachhaltige Variante. So greifen beispielsweise 67% der Männer zu dem nachhaltigen Desinfektionsmittel, wenn sie nicht allein im Raum sind (in diesem Fall wurde eine Person neben die Desinfektionsmittel platziert). Für Frauen wurde ein ähnliches Muster gefunden. Hier zeigt sich der Faktor der sozialen Erwünschtheit: Menschen wissen, dass grüner Konsum wichtig ist, und wenn sie sich beobachtet fühlen, dann verhalten sie sich eher dementsprechend.

Noch schlimmer steht es um das Wort »vegan«: Pflanzenbasierte Produktalternativen verbinden die 60% oftmals mit Geschmackseinbußen. In einer Studie[41] an einer US-amerikanischen Universität fand ein Event statt, für das sich die Teilnehmenden registrieren und ihre Essenspräferenzen angeben mussten. Es standen ein veganes und ein vegetarisches Gericht zur Auswahl. Die Teilnehmenden wurden in zwei Gruppen aufgeteilt und erhielten unterschiedliche Registrierungslinks:

Beim ersten Link wurde ihnen ein veganes Gericht angeboten mit dem expliziten Hinweis, dass es sich hierbei um ein veganes Gericht handelt. Alternativ gab es ein vegetarisches Menu, welches jedoch nicht als solches gekennzeichnet war.

Beim zweiten Link wurde der Gruppe dasselbe vegane Gericht angeboten, jedoch ohne den expliziten Hinweis, dass es sich hierbei um ein veganes Gericht handelt. Alternativ gab es abermals dasselbe vegetarische Menu, welches abermals nicht als solches gekennzeichnet war.

Danach wurde ausgewertet, wer welches Menu wählt. Es zeigte sich, dass die Teilnehmenden sehr viel öfter die vegane Variante wählten, wenn diese nicht explizit als solche bezeichnet wurde (63,8% versus 33,9%). Worauf ist das zurückzuführen?

In einer weiteren Studie wurde explizit untersucht, wieso dies der Fall ist.[42] Und zwar nicht für die überzeugten Veganer:innen, sondern eben für die breite Masse, welche sich ab und zu auch mal ein Steak gönnt. Die Forschenden haben dazu ein Experiment durchgeführt, indem sie eine Studie zu einem x-beliebigen Thema fingiert haben. Die Teilnehmenden dieser »Studie« durften sich als Dankeschön für einen Delikatessenkorb entscheiden. Es standen ein Delikatessenkorb ohne tierische Produkte und ein Delikatessenkorb mit tierischen Lebensmitteln zur Auswahl. Bei dem Delikatessenkorb ohne tierische Produkte wurde dann die Aufschrift variiert: Entweder erhielt er das Label

»Vegan«, »Plant-Based«, »Gesund« oder »Nachhaltig«. Was wählten die Menschen, wenn sie die Auswahl zwischen einem Delikatessenkorb mit tierischen Produkten und einem ohne hatten?

Wenn der Delikatessenkorb ohne tierische Produkte mit der Aufschrift »Vegan« versehen war, wählten nur 20% den Korb ohne tierische Produkte (und 80% den mit tierischen Produkten). Wenn das Dankeschön ohne tierische Produkte die Aufschrift »Plant-Based« trug, dann griffen immerhin 27% der Teilnehmenden zu. Mit der Aufschrift »Gesund« wählten 42% den Korb ohne tierische Produkte und mit der Aufschrift »Nachhaltig« sogar 43%. Das ist immer noch keine Mehrheit, aber immerhin ein Anstieg um das Doppelte!

Wie kam es dazu? »Vegan« wird von dem Großteil der Menschheit negativ assoziiert, der Begriff »plant-based« wird laut der Studie nicht richtig verstanden, und »gesund« und »nachhaltig« sprechen zumindest teilweise die Werte der meisten Menschen an. Aber richtig überzeugend scheinen auch sie nicht zu sein. Keiner der Begriffe überzeugt die Mehrheit der breiten Masse. Der Begriff Nachhaltigkeit schneidet dabei noch am besten ab und scheint hier also der Einäugige unter den Blinden zu sein.

Nachhaltigkeit = Verteuerung

Nachhaltige Produkte kosten mehr. Dies wird damit begründet, dass sie in der Herstellung eines viel größeren Aufwands und einer höheren Sorgfalt bedürfen. Und tatsächlich ist der Aufschlag für nachhaltige Produkte signifikant: Im Durchschnitt kosten nachhaltige Produkte mehr als ein vergleichbares konventionelles Produkt. Es gibt hier jedoch große Unterschiede: In den Bereichen Mode, Aussehen und Gesundheit finden sich Aufschläge von über 150%. Bei Babynahrung und Energie sind es hingegen nur 20%.[43]

Die 60% verbinden mit nachhaltigen Produkten auf jeden Fall Verteuerung. Diese Verteuerung von grünem Konsum ist bei den meisten Menschen so tief verankert, dass sie ohne genauere Prüfung davon ausgehen, dass sie sich grünen Konsum sowieso nicht leisten können. Und so kommt es dann zu pauschalisierten Aussagen der breiten Masse, dass ihnen grüner Konsum beziehungsweise nachhaltige Ernährung zu teuer sei.[44] Die breite Masse hat also über Jahre hinweg gelernt, dass nachhaltige Produkte das Portemonnaie belasten. Das ist jedoch gar nicht immer der Fall, da eine pflanzenbasierte Ernährung in der Tat günstiger sein kann als eine fleischlastige Ernährung. Aber die Assoziation zwischen Nachhaltigkeit und Verteuerung hat sich tief ins kollektive Bewusstsein eingebrannt.

Sind die 60% bereit, diese Preisaufschläge zu zahlen? Wenn man sich abermals Umfragen zu dieser Bereitschaft anschaut, dann könnte man dies klar bejahen. So sagen 70% der Befragten, dass sie bis zu 10% mehr bezahlen würden, 15% heben sogar für Preisaufschläge von bis zu 30% den grünen Daumen nach oben, und weitere 15% wären heldenhaft bereit, das Portemonnaie noch weiter zu öffnen.[45] Wenn man diese Umfrage also wörtlich nehmen würde, dann wäre ein Großteil der Menschen bereit, einen signifikanten Aufschlag für grünen Konsum zu zahlen.

Diese Abfrage von Einstellungen lässt abermals zwei wichtige Faktoren außer Acht: soziale Erwünschtheit und den Attitude-Behavior-Gap.

Was passiert also, wenn die 60% vor dem Ladenregal stehen? Hier akzeptieren sie in der Regel dann doch keine Preisaufschläge. Das zeigt sich beispielsweise beim Bio-Fleisch: Umsätze bei Bio-Fleisch brechen weg, und die *Süddeutsche Zeitung* spekuliert sogar, dass es zu einem »Aufstand kommt, wenn die Mehrwertsteuer auf Fleisch erhöht werden würde«.[46] Selbst 61% aus der Gen Z, denen ein stark ausgeprägtes Umweltbewusstsein attestiert werden kann, geben in Umfragen zu, dass ihnen nachhaltige Produkte schlichtweg zu teuer sind.[47]

Hinzu kommt aktuell: Im Zuge der erhöhten Inflation und des Krieges in der Ukraine sind sogar die Zustimmungswerte für die Zahlungsbereitschaft für nachhaltige Produkte stark gesunken. Im Jahr 2021 gaben in einer Studie 67% der Befragten an, dass sie Preisaufschläge akzeptieren würden, 2022 lag dieser Wert nur noch bei 30%.[48] Mit »Nachhaltigkeit = Verteuerung« konnte man die breite Masse nie wirklich motivieren, und das wird auch in Zukunft nicht gelingen.

Nachhaltigkeit = Veränderung

Seit Jahren wird erzählt, dass man sich für die grüne Transformation anpassen müsse. Eine leichte Verbiegung reiche hier nicht aus, sondern es werden eher radikalere Anpassungen gepredigt. Die 60% verbinden mit dem Wort Nachhaltigkeit oftmals den Druck, etwas anders machen zu müssen: Sollen wir jetzt wirklich alle unser Alltagsleben ändern, unser Reiseverhalten überdenken und sämtliche Hobbys mit höherem CO_2-Footprint über Bord werfen?

Aus den unterschiedlichsten Bereichen und Disziplinen wissen wir, dass der Mensch derartige Veränderungen gar nicht gerne mag. Dies wird oftmals mit dem Begriff Komfortzone oder auch Inertia beschrieben. Der Mensch ist wie der Frosch im Teich: Er springt nicht raus, wenn er nicht unbedingt muss (auch wenn es klimabedingt in diesem immer heißer wird).

UNICEF hatte vor Kurzem eine Plakataktion auf dem World Economic Forum: »Are you bold enough to change the world? Shape the Future with us!«[49] Für die Öko-Fans ist das sicherlich eine willkommene Einladung. Sie sind bereit, sich zu verändern, und haben zum großen Teil ihr Konsumverhalten auch schon angepasst.

Gilt das auch für die 60%? Die Masse, die sich in ihrer Komfortzone in der Regel wohl fühlt und sich auch nicht unbedingt verändern möchte – würde sie sich auch als *bold* (kühn) bezeichnen und den Wandel kraftvoll vorwärtstreiben? Auf einer rationalen Ebene stimmen dem sicherlich ein paar der 60% zu, aber auf der gelebten Ebene bleiben sie wohl doch eher auf ihrem gemütlichen Sofa.

Doch was ist eigentlich die Komfortzone? »Fleisch auf dem Teller« markiert für viele Menschen diesen angenehmen Status quo. Seit unsere Kindheit haben wir gewisse Kombinationen auf dem Teller gelernt, wie zum Beispiel: Spinat, Kartoffelbrei und Leberkäse oder Würstchen. Wenn wir jetzt nur noch Spinat und Kartoffelbrei auf dem Teller hätten, würde definitiv etwas fehlen. Hier umzusteigen, würde uns daher verdammt schwerfallen – wir müssten etwas verändern, was wir schon seit unserer Kindheit kennen. Wir reden dabei von weit mehr als nur einem seelischen Schmerz. Haben Sie mal versucht, sich fleischlos zu ernähren, und sei es auch nur für eine Woche oder einen Monat? Das ist keine Komfortzone – das ist Stress pur! Allein der zeitliche Aufwand ist immens. Im Supermarkt zum Beispiel muss man die bewährten Pfade schneller Bevorratungskäufe verlassen und sich neu orientieren: Was kann ich denn überhaupt noch kaufen? In welcher Regalreihe steht das? Gibt es das überhaupt hier oder muss ich weitere Wege auf mich nehmen? Zu Hause geht es weiter: Die Zusammenstellung und die praktische Zubereitung einer fleischfreien Kost bedeuten gerade am Anfang einen enormen Aufwand. Die Effizienzvorteile eines über Generationen weitergegebenen Schnitzelrezepts, das man mehr oder weniger automatisch abspult, sind passé. Man lernt das Kochen quasi neu. Wer schafft das schon, im vollen Alltag und mit drei Kindern?

Übrigens: Bestimmte Fleischersatzprodukte wie zum Beispiel Beyond Meat sind bei einem derartigen Vorhaben enorm hilfreich. Diese haben mit ihren pflanzenbasierten Fleischpattys sozusagen das Zeitalter der Flexitarier:innen eingeläutet. Das ging aber eben nur, weil die Veränderung geringstmöglich war: Die Zusammenstellung des Tellers blieb gleich und der Geschmack laut Werbeversprechen auch. Minimalinvasive Veränderungen sind für die 60% machbar, größere Umbrüche nicht.

Nachhaltigkeit = Vertrauensverlust

Was passiert bei den 60%, wenn sie das Wort Nachhaltigkeit hören? Viele von ihnen werden gleich skeptisch, weil ihr Vertrauen über Jahre durch verschiedene Skandale erschüttert wurde. Oftmals schwingt bei den 60% die Frage mit: Kann man noch glauben, was auf der Produktverpackung steht?

Auch beim Thema Vertrauensverlust zeigt sich wieder ein bekanntes Bild: In einer Studie gaben 12,5% der Befragten an, dass sie der Nachhaltigkeitskommunikation von Unternehmen überhaupt nicht trauen. 21% trauen der Nachhaltigkeitskommunikation größtenteils. Die breite Masse ist hin- und hergerissen: Sie sagen »weder noch« (30,5%) und »eher nicht« (34%).[50] In anderen Studien wird rund die Hälfte der Menschen als skeptisch gegenüber den Nachhaltigkeitsaussagen von Unternehmen beschrieben.[51]

Die Frustration unter den 60% scheint recht hoch zu sein. So geben in einer Studie mehr als die Hälfte der Befragten an zu glauben, dass die Produktclaims nicht wirklich die Umweltwirkung der Produkte widerspiegeln. Und noch schlimmer: Über ein Drittel sagt, dass sie über den Wahrheitsgehalt von Markenclaims keine kompetente Aussage treffen können.[52] Das Vertrauen in das Nachhaltigkeitsmarketing der meisten Unternehmen scheint hier wirklich stark erodiert zu sein. Mit dem Wort Nachhaltigkeit als solchem scheint man bei den 60% also nicht zu punkten, sondern wohl eher zu verlieren und Zweifel über die eigene Integrität zu wecken.

Nachhaltigkeit = Vernunft

Viele Kommunikationskampagnen im nachhaltigen Bereich appellieren an die Vernunft der Menschen. So wird zum Beispiel betont, dass eine Menge an CO_2 eingespart und die Welt gerettet werden könne, wenn man das eigene Konsumverhalten ein wenig anpasse.

Nestlé titelt beispielsweise auf einem Plakat: »Wir sparen tonnenweise CO_2: Da ist noch Luft nach oben.«

Erreicht man mit diesem Appell die 60%? Sie werden das Argument sicherlich auf der Vernunftebene verstehen, an ihrem Verhalten wird es wohl leider eher weniger ändern. Solch eine große Marke wie Nestlé sollte sich eigentlich mit der Denkweise der breiten Masse besser auskennen.

Die Vernunft sagt einem, dass man nicht fliegen soll, weil man die Umwelt verpestet. Die Vernunft sagt einem, dass man kein Fleisch essen soll, da dies für den Planeten im Allgemeinen und die Tiere im Besondern nicht gut ist. Die 60% wissen genau, was sie tun müssen, um den Planeten zu bewahren und für zukünftige Generationen zu sichern. Rational ist dies unbestritten. Verhalten sich die 60% aber gerne vernünftig? Sind wir wirklich so rational getrieben, wie sich das die Volkswirtschaftslehre gerne mit dem Konzept des Homo oeconomicus vorstellt?

Erstens gibt es unzählige Situationen, in denen sich Menschen nicht vernünftig verhalten, und sie wissen das auch. Leute stecken wider besseres Wissen Geld in Spielautomaten oder tragen es zur Lotterie, obwohl ihre Chancen lächerlich gering sind. Viele Menschen rauchen, obwohl die negative Wirkung dieser Angewohnheit klar nachgewiesen ist.

Zweitens macht unvernünftiges Verhalten auch einfach viel mehr Spaß. Emotionen treiben einen hier im eigenen Konsumverhalten voran. Der Sprung mit Bungee-Seil oder Fallschirm ist vollkommen sinnlos, aber geil. Der Handyvertrag ist ausgelaufen nach zwei Jahren, da muss ein neues Handy her. Nicht weil man es braucht, sondern nur, weil man es kann. Einen Megaflatscreen, der breiter ist als der Sitzabstand zwischen Couch und TV, braucht zwar kein Mensch, aber er ist trotzdem super und ein Statussymbol. Apropos Status: Jedes zweite Auto geht in seinen Abmessungen und Kosten weit über das wirklich notwendige Maß hinaus, aber nun ja, so sind wir eben!

Unvernunft hat viele Treiber. Es gilt vielen als Ausdruck ihrer Individualität und Selbstbestimmtheit. Ich bin unangepasst, also bin ich. Sie ist aber auch ein Ausdruck von Wohlstand, weil man sich etwas leisten kann, das über das Notwendige weit hinausgeht. Oftmals ist unvernünftiges Verhalten auch einfach nur eine Form von Spontaneität, Kreativität und Schaffenskraft. In jedem Fall macht die Unvernunft mehr Spaß als ihr etwas griesgrämiges Pendant. In einer Studie des Deutschen Instituts für Wirtschaftsforschung konnte sogar belegt werden, dass risikofreudige Menschen mit einem Hang zur Unvernunft insgesamt mit ihrem Leben zufriedener sind als die Vernünftigen.[53]

Customer Insight 2

Die 60 % wollen das »Richtige« tun, aber mit möglichst wenig Aufwand. Sie suchen nach Pfaden im Informationsdschungel.

Der Ausgang des Parks liegt sichtbar auf der rechten Seite in circa 100 Metern vor Ihnen. Das offizielle Wegesystem leitet Sie aber stur weiter geradeaus, bevor es dann im rechten Winkel abknickt und zum Ausgang führt, in Summe sind das eher 150 Meter. Dabei haben Sie es doch aber so verflixt eilig. Was tun Sie? Genau! Sie nehmen den Trampelpfad – einen zwar nicht ganz korrekten, aber in jedem Fall leichteren und schnelleren Weg zum Parktor. Willkommen in der Welt der 60%. Denn nichts anderes tun normale Menschen, wenn sie im Informationsdickicht nachhaltigen Konsums dem Ausgang zustreben. Und dabei wird leider so manches aus Versehen zertrampelt. Aber der Reihenfolge nach.

Die 60% erachten grünen Konsum als durchaus wichtig, und im Prinzip wollen sie auch das Richtige tun. Aber vor dem Supermarktregal werden sie schnell unsicher, welches Angebot im Endeffekt dann wirklich grüner ist. Selbst erfahrenen Profis fällt es teilweise schwer, von außen mit Sicherheit zu beurteilen, was denn jetzt tatsächlich nachhaltig ist und was nicht. Oder wussten Sie, dass ein Bio-Landwirtschaftsbetrieb einen signifikant höheren Dieselverbrauch hat, weil die Bäuerin oder der Bauer für die mechanische und chemiearme Unkrautbekämpfung öfter mit entsprechender Technik auf das Feld fahren muss?[54]

Die breite Masse ist also in ihrem Konsumverhalten oftmals einem großen Fragezeichen ausgesetzt. Laut einer Studie von Kantar können rund 57%, das heißt eigentlich das komplette 60%-Potenzial, nicht mit Sicherheit einschätzen, ob ein Produkt nachhaltig ist oder nicht.[55] Die Scopes Studie (2023) der Universität St. Gallen[56] geht sogar noch einen Schritt weiter, indem sie zeigt, dass die breite Masse Marken nicht nach ihrer faktischen Nachhaltigkeit, sondern nach ihrem Gefühl beurteilt. Paradebeispiel hierfür ist und bleibt das Unternehmen Nestlé, welches laut eigenen Nachhaltigkeitsberichten sehr viel unternommen hat, die Versäumnisse der Vergangenheit aufzuholen, ja sogar B-Corp-zertifiziert ist, aber aufgrund der zahlreichen medienwirksamen Skandale von der breiten Masse emotional nach wie vor als sehr wenig nachhaltig beurteilt wird.

Ist Nachhaltigkeit also ein postfaktisches Phänomen? In Abwesenheit von Sicherheit verlassen sich normale Menschen einfach auf ihr Bauchgefühl. Und das kann man ihnen nicht verdenken, wo doch selbst die wissenschaftliche Fachwelt nicht jede Frage mit Sicherheit beantworten kann. »Es kommt drauf an …« ist eine oft bemühte Relativierung, wenn es darum geht, den ökologischen Fußabdruck von Konsumalternativen zu benennen.

Was ist ökologisch nachhaltiger – E-Auto oder Verbrenner?

Um Elektro- und Verbrennungsfahrzeuge zu vergleichen, werden sogenannte Life-Cycle-Assessments durchgeführt. Je nach Umfang werden unterschiedliche Aspekte berücksichtigt. Unterscheiden kann man die Phasen Herstellung, Betrieb und Recycling. Manchmal, aber nicht immer, wird auch die Rohstoffgewinnung als initiale Phase berücksichtigt. Und genau da beginnt die Krux. Denn je nachdem, was man betrachtet, kommt man zu unterschiedlichen Eindrücken.

Schauen wir zunächst auf die Emissionen. Ergebnisse der Universität der Bundeswehr München hat in einem Vergleich von über 790 verschiedenen Fahrzeugmodellen zunächst zeigen können, dass elektrisch angetriebene Autos in der Produktion deutlich CO_2-intensiver sind als Verbrennermotoren.[57] So ist beispielsweise das Mehr an Emission in der Produktion eines Tesla Model 3 Standard Plus in etwa so groß, dass es den Emissionen aus der Fahrleistung eines Volkswagens Passat 2.0 TSI, also eines Benzinverbrenners, nach 18 000 Kilometern entspricht.

Spätestens dann macht sich der emissionsärmere Betrieb eines E-Autos aber bemerkbar und kumuliert laut Studie über die CO_2-Lebensbilanz in einer Reduktion der Gesamtemissionen im Vergleich zu Verbrennern von bis zu 89 %. Über die gesamte Nutzungsdauer liegen Elektroautos trotz höherer Emissionswerte in der Produktion also weit unter herkömmlichen Verbrennermotoren. Wie viel besser genau die elektrische Alternative ist, hängt dabei vom verwendeten Strommix sowie vom Fahrstil ab.[58] Ihr volles Potenzial zur Verringerung der globalen Erwärmung können Elektrofahrzeuge nur dann entfalten, wenn der Ladestrom sehr wenig fossilen Kohlenstoff ausstößt[59], also möglichst komplett mit Strom aus erneuerbaren Energien geladen wird, und wenn die Person hinter dem Lenkrad nicht mit Lewis Hamilton verwandt ist.

Aber so einfach ist es dann doch nicht. Ins Grübeln kommt man, wenn man den Bergbau und damit die Phase der Rohstoffgewinnung und Herstellung mit einbezieht und neben den CO_2-Einsparungen auch die Toxizität analysiert. Hier wird es komplizierter, da der Bergbau giftige Stoffe erzeugt, die aus den Abraumhalden austreten können, oder Batterien giftige Stoffe enthalten.

Schaut man auf die nackten Zahlen, steht es unentschieden: In den Emissionen schlägt bei einem Elektrofahrzeug heute ein Ausstoß von 0,129 bis 0,276 Kilogramm CO_2-Äqivalente pro gefahrenen Kilometer auf den Lebenszyklus zu Buche. Ein mit Benzin betriebenes Fahrzeug kommt dagegen auf 0,203 bis 0,284 Kilogramm CO_2-Äqivalente pro gefahrenen Kilometer. Hier geht der Punkt klar an Elektro.

Die Toxizität hingegen schwankt bei den Elektrofahrzeugen zwischen 0,027 und 0,331 Kilogramm 1,4-Dichlorbenzol-Äquivalent pro gefahrenen Kilometer (zur Berechnung der einzelnen toxischen Stoffe wird das Maß 1,4-Dichlorbenzol-Äquivalent verwendet). Bei den Benzinern schwankt der Wert zwischen 0,00057 und 0,085 Kilogramm 1,4-Dichlorbenzol-Äquivalent pro gefahrenen Kilometer.[60] Das heißt: klarer Treffer für die Verbrenner.

Was ist nun weniger schlimm oder mehr gut? Emissions- oder Toxizitätswerte? Wenn selbst die Wissenschaft nicht klar entschieden sprechen kann, wie sollen es dann normale Menschen können? Und wie viele Vertreter:innen der 60% werden sich derartig tief in die Materie eingraben? Höchstwahrscheinlich spielen für sie neben den ökologischen Faktoren weitere Aspekte der Praktikabilität und Alltagstauglichkeit eine viel größere Rolle. So erhitzen neben eher irrationalen Vorurteilen wie der erhöhten Brandgefahr für E-Autos oder der mangelnden Reichweite auch viele berechtigte Zweifel die Gemüter. Man denke nur an die Frage des ungewissen Rückkaufwerts sowie eines möglichen Leistungsabfalls und der langfristigen Nutzbarkeit der Batterien. Das macht die Sache noch komplizierter. Wie sollen da die 60% wirklich die grüne Entscheidung treffen? Das kann man beim besten Willen nicht von ihnen erwarten.

Was ist ökologisch nachhaltiger – Kaffeekapseln oder Filterkaffee?

Kaffeekapseln werden oftmals intuitiv verteufelt. Augenscheinlich wandern täglich Aluminiumkapseln in den Müll, obwohl das gar nicht sein muss – grüner Konsum geht anders. Ist also Filterkaffee wirklich die bessere Alternative? Diese Frage ist kniffliger als gedacht, da sie von vielen Faktoren abhängt. Schauen wir mal genauer hin: Wesentlich für die Umweltbilanz der vor Ihnen dampfenden Tasse Kaffee sind drei Bereiche: erstens die Art und Weise, wie der Kaffee angebaut und produziert wurde, zweitens der Energie- und Ressourcenverbrauch, der für die Zubereitung, also das eigentliche Aufbrühen Ihrer Tasse anfällt, und schließlich drittens die Art der Verpackung und der damit verbundenen Rohstoffverbräuche und Recyclingaufwände.

Der Vergleich auf der Ebene Anbau und Produktion ist natürlich völlig unabhängig von der Brüh- oder auch Verpackungstechnik. Hier gilt für Kapsel und Filter gleichermaßen: je umweltschonender und biologischer die Anbaumethode, umso besser. Ein Fairtrade-Bio-Kaffee in der Kapsel ist auf dieser Ebene betrachtet also bestimmt nicht schlechter als ein Raubbau-Plantagen-Kaffee, den Sie sich selbst in den Papierfilter löffeln. Und umgekehrt. Hier kommen Kaffeekapseln und Filterkaffee also gleich gut oder schlecht weg, je nachdem, welchen Kaffee sie beinhalten.

Zu einem entscheidenden Unterschied kommt es beim Verbrauch und der Energie, die im konkreten Brühvorgang anfallen. So kommt eine Studie der Universität Quebec[61] zu einem für manche sicherlich überraschenden Ergebnis: Den größten und damit schlechtesten Klima-Fußabdruck (in CO_2-Äquvalenten pro einer Tasse Kaffee à 110 Milliliter) hat der klassische Filterkaffee. Danach folgt das Heißgetränk aus der Kaffeepresse beziehungsweise French Press. Auf einem guten zweiten Platz liegen die Kaffeekapseln, und am besten schneidet hier der lösliche Kaffee ab. Die Studie fand heraus, dass die Zubereitungsart Filterkaffee das meiste Kaffeepulver pro Tasse verbrauchte. Und hierbei darf nicht vergessen werden, dass auch viel Strom für das Aufheizen und das Warmhalten des Kaffees respektive des Wassers gebraucht wird.

Hier punktet die Kaffeekapsel entscheidend, da sie mit einer sehr geringen Menge an Kaffee auskommt, je nach Hersteller nur circa 5 bis 6 Gramm pro Portion. Außerdem heizen die Geräte immer nur so viel Wasser auf, wie für die Zubereitung einer Tasse tatsächlich benötigt wird. Eine Kapselmaschine ist auch selten im Verdacht, zu viel Kaffee zu kochen, der dann nach Stunden als lauwarme Brühe den Weg in den Ausguss findet. Hier ist der Vorsprung der Kaffeekapsel gegenüber der Filtervariante überdeutlich.

Die Achillesferse der Kaffeekapsel liegt allerdings auf der Dimension Verpackung und Recycling. Allein in Deutschland werden jährlich beinahe 2 Milliarden Kaffeekapseln verbraucht. Dies entspricht visualisiert rund 4 000 Tonnen Müll.[62] Die meisten Kapseln bestehen aus Aluminium oder Kunststoff oder im schlimmsten Fall aus nicht sortenreinen Mischformen, was eine Herausforderung für die Recyclingfähigkeit darstellen kann. Zwar sind die Aluminiumkapseln zum Beispiel von Nespresso laut eigenen Angaben des Unternehmens recycelbar und werden aus 80% recyceltem Aluminium hergestellt, des Weiteren können sie über den gelben Sack beziehungsweise die gelbe Tonne entsorgt werden. Unklar ist, wie viele Kapseln nicht in den gelben Sack, sondern in den Hausmüll wandern. Unabhängig davon ist der Fußabdruck im Vergleich zum Papierfilter, der sich auf dem Kompost biologisch abbaut, natürlich ungleich schlechter. Filterkaffee wird normalerweise in Papiertüten oder Kartons verpackt, die im Idealfall recycelbar sind. Viele Kapselanbieter, darunter neben dem Marktführer Nespresso auch Unternehmen wie zum Beispiel die Ethical Coffee Company oder die Firma Original Coffee, bieten die neueren biologisch abbaubaren Kapselalternativen an, aber auch diese sind umstritten. Sie bestehen aus sogenanntem Bio-Plastik, welches beispielweise aus Zuckerrohr oder Mais hergestellt wurde und biologisch abbaubar sein soll. Kritiker:innen halten hier dagegen, dass eine Zersetzung nur unter Laborbedingungen passiere und den natürlichen Kompostierungsprozess sowohl auf dem heimischen Kleinkompost als auch im Großkompost der örtlichen Deponie sogar erheblich negativ beeinträchtigen könne. Dieser Punkt im Bereich Verpackung und Recycling geht also klar an den Filterkaffee.

Was ist nun weniger schlimm oder mehr gut? Ressourcenschonende Zubereitung, die Stärke der Kaffeekapsel, oder eine ressourcenschonende Verpackung, die Stärke des Filterkaffees? Die Forscher:innen der Universität Quebec sind da klar entschieden: Quer über alle Zubereitungsarten ist die Art des Kaffeeanbaus am wichtigsten. Den zweitgrößten Abdruck mit 20 bis 40% hinterlässt Kaffee mit dem Zubereitungsfuß. Verpackung und Entsorgung machen in der Ökobilanz tatsächlich nur 5 bis 15% des CO_2-Fußabdrucks von Kaffee aus. Die offensichtliche Schwäche der Kapsel fällt also gesamtbilanziell am wenigsten ins Gewicht. Verflixt nochmal!

Aber wie viele Vertreter:innen des 60%-Potenzials sind sich dessen bewusst? Unnötiges Plastik oder Aluminium als vergleichsweise einfach zu erkennendes Kriterium drängt sich als Trampelpfad regelrecht auf, es ist ja so leicht zu erkennen. Verpackungskapseln zu verdammen, ist also das Richtige, aber das weniger wichtige Richtige. Primär wäre es gut, darauf zu schauen, welche ökologische Güte der Kaffee hat und wie viel Pulver man für eine Tasse braucht. Das sind die großen Hebel. Oder wollen wir jetzt auch noch mit der sozialen Nachhaltigkeit (zum Beispiel, wie die Kaffeebauern bezahlt werden) anfangen?

Was ist ökologisch nachhaltiger – Tomaten aus Spanien oder aus Deutschland?

Die meisten Leser:innen werden hier wohl denken: Das ist leicht zu beantworten! Und damit sind Sie in bester Gesellschaft, denn Produkte mit kurzen Transportwegen gelten als umweltschonend. Das Zauberwort, das nun schon in der ersten Klasse einer nachhaltigen Schule gelehrt werden dürfte, heißt »Regionalität«. Das weiß doch jede:r! Aber so einfach ist es auch hier nicht.

Tomaten aus Deutschland müssen keinen langen Weg vom Feld in den Handel zurücklegen. Und genau deswegen sollten sie auch vor ihren roten Verwandten aus Spanien bevorzugt werden. Allerdings gilt das nur in den Monaten Juni bis September. Denn in dieser Zeit haben Tomaten bei uns Saison und wachsen auf natürliche Weise in unseren Breiten. Zwischen Oktober und April drehen sich die Vorzeichen jedoch um. Denn in dieser Zeit wachsen Tomaten bei uns nur mit extremem Energieaufwand in beheizten Gewächshäusern. Der Hunger auf die roten Früchte bleibt bei uns aber auch in den Wintermonaten ungebrochen, und wir bestellen mit der größten Selbstverständlichkeit auch im Februar einen Salat Caprese.

Jedoch emittiert eine im beheizten Gewächshaus in Deutschland produzierte Wintertomate ungefähr zehnmal mehr Treibhausgase als eine zur gleichen Zeit in Südspanien auf freiem Feld gewachsene.

Was viele überraschen dürfte: Transport macht in der Regel nur einen kleinen Teil der Treibhausgasemissionen von Lebensmitteln aus. Weltweit sind es etwa 5%.[63] Der größte Teil der Emissionen von Gemüse entsteht im Anbau, der von Fleisch entsteht während der Haltung. Weitere negative Umweltauswirkungen jenseits von CO_2 oder Methan wie zum Beispiel Boden- oder Wasserverbrauch oder die Belastung mit Chemikalien und Schwermetallen sind sowieso unabhängig vom Transport.

Es zeigt sich erneut: Konsument:innen neigen dazu, sich einfache Trampelpfade in den Dschungel ihres nachhaltigen Konsums zu treten. Diese Trampelpfade sind meist auf Dinge ausgerichtet, die sich leicht dekodieren lassen und keiner größeren zeitlichen oder fachlichen Abwägungen bedürfen. Regional ja oder nein? Da gibt es nicht viel Interpretationsspielraum. Regionalität ist für die 60% ein relativ leicht feststellbares Kriterium und deswegen so attraktiv.

Dass sie ihre Entscheidungen zwar auf das Richtige, aber in bestimmten Jahreszeiten auf das weniger wichtige Richtige ausrichten, ist den meisten Menschen nicht klar. Sie setzen unbewusst die falschen Prioritäten. Regionalität ist nur die kleine Schwester der viel einflussreicheren Saisonalität. Die ist es, die wirklich zählt.

Für unsere 60%, für die Nachhaltigkeit zwar wichtig, aber nicht alles entscheidend ist, dürften natürlich noch weitere Vorteile für Regionalität sprechen. Zum Beispiel, dass man lokale Produzenten und Bäuerinnen und Bauern in der Umgebung und damit Arbeitsplätze und wirtschaftliche Gesundheit in der Heimat unterstützt. Einfach und klar geht aber anders. Oder?

Was ist ökologisch nachhaltiger – die Gurke in Plastik oder ohne Plastik?

Die Gurke – in Folie verpackt oder unverpackt – zeigt sehr schön auf, dass es kein einheitliches Verständnis von Nachhaltigkeit gibt. Und dies erst recht nicht in der breiten Masse. Bitte stellen Sie sich vor, dass Sie die folgenden zwei Gurken zur Auswahl haben. Die eine Gurke ist in Plastik verpackt, die andere Gurke ist es nicht. Welche Gurke ist nun nachhaltiger?

Sie sind in der Fraktion »ohne Plastik«? Dafür spricht einiges, denn jedes Stückchen Plastik ist natürlich schlecht für unsere Welt, und in Summe ist das ein riesiges Problem. Allein zwischen den Jahren 2000 und 2015 stieg die Plastikproduktion weltweit um fast 80%, und der Markt wird weiterhin wachsen. Dabei wiegt der gesamte Kunststoff auf der Erde schon jetzt mehr als alle Tiere an Land und im Meer zusammen.[64] Im Konzept der planetaren Grenzen wird Plastik zur Kategorie der »fremdartigen Stoffe für die Natur und das Erdsystem« gezählt und ist damit in bester Gesellschaft mit Dingen wie zum Beispiel radioaktiven Abfällen. Also allesamt Stoffe, die es vorher so in der Natur nicht gab und die erst durch uns Menschen in die Umwelt gebracht wurden. Giftig und schwer abbaubar haben sie Auswirkungen auf die Gesundheit und das Erdsystem. Die planetare Belastungsgrenze für neue Stoffe und Substanzen – wozu auch Plastik gehört – ist bereits heute überschritten, und damit ist jedes unnötige Gramm Plastik 1 Gramm zu viel. Oder kann man das mit Blick auf unsere Gurken auch anders sehen?

Sollten Sie der Fraktion »mit Plastik« angehören, haben Sie die folgenden Argumente auf Ihrer Seite: Mit der Plastikhülle werden Gurken länger haltbar gemacht. Dies führt dazu, dass man sie länger genießen kann, und als Konsequenz hat man weniger Lebensmittelverschwendung. Das ist ein wichtiges Argument, denn circa ein Drittel der globalen Nahrungsmittelproduktion wird verschwendet und kommt vom Feld nicht auf unsere Teller. Das bedeutet eine enorme Verschwendung von Wasser, Energie, Düngemitteln und anderen Ressourcen. Diese Lebensmittelverluste und -verschwendung wirken sich auch negativ auf das Klima aus.[65] Mit Plastik bleibt die Gurke eindeu-

Abbildung 5: Gurke in Plastik und ohne Plastik

tig ein paar Tage länger knackig, und auch Transportschäden werden vermieden. Es wird auch davon ausgegangen, dass Lebensmittelverluste im Handel bei eingeschweißten Gurken um die Hälfte geringer ausfallen. Diese geretteten Gurken fallen für die Ökobilanz mehr ins Gewicht als die verwendete Plastikverpackung.[66]

Was ist nun weniger schlimm oder mehr gut? Die Erzeugung von Fremdstoffen oder Lebensmittelverschwendung? Wer weiß es mit Sicherheit? Wie viele Vertreter:innen des 60%-Potenzials sind hier sattelfest? Oder folgen die Menschen dem einfachen Trampelpfad: Plastik = schlecht?

Erschwerend kommt in diesem Fall noch die folgende Finesse hinzu: Interessanterweise werden in der Regel Bio-Gurken in Plastik eingepackt, um sie von konventionellen Gurken im Supermarkt unterscheiden zu können. Da derzeit die konventionellen Gurken noch den Bio-Gurken zahlenmäßig überlegen sind, wird der Verpackungsmüll hiermit sogar limitiert. Das ist eigentlich gut. Aber wer soll da denn jetzt noch durchsteigen? Bio ist gut, Plastik aber nicht. Dieser Trampelpfad führt ins Gebüsch.

Faustformeln und Daumenpeilung – der Trick der 60%

Was können wir festhalten? Nachhaltigkeit ist wahnsinnig komplex. Und selbst wenn man Ahnung hat, gibt es nicht immer die eine absolute und richtige Antwort. Kein Wunder, dass die Endkonsument:innen Konsumirrtümern unterliegen und Trampelpfade betreten!

Kein normaler Mensch hat die Muße, um sich differenzierte Argumente in Ruhe durchzulesen und dann abzuwägen, so wie Sie es gerade getan haben – danke an dieser Stelle dafür! Die 60% haben in einem hektischen Arbeits- und Familienalltag einfach gar nicht die Möglichkeit für derartige erkenntnistheoretische Klimmzüge. Sie müssen schnell wissen, was Sache ist. Anders als die Öko-Fans und Klimaaktivist:innen haben sie weder die Zeit noch den Willen, sich explizit mit Hintergrundinformationen aus Nachhaltigkeits- oder Testberichten zu gewissen Produkten auseinanderzusetzen. Was tun sie stattdessen? In Abwesenheit von schnellen und effizienten Entscheidungshilfen malen sie sich ihre nachhaltige Welt, wie sie ihnen gefällt. Auch wenn es nur holprige Trampelpfade sind: Die 60% gehen ihre eigenen Wege, indem sie auf Heuristiken, sogenannte Daumenregeln und Faustformeln, zurückgreifen. Die folgende Studie zeigt, wohin das führt.[67]

Eine Gruppe Proband:innen erhielt einen Müsliriegel, der in Plastik verpackt war, und die andere Gruppe denselben Riegel, der aber zusätzlich zum Plastik auch noch in eine Lage Papier eingepackt war. Die Teilnehmer:innen wurden nun aufgefordert, die Umweltfreundlichkeit der Verpackung auf einer Skala von 1 bis 7 (1 = *ich stimme überhaupt nicht zu*; 7 = *ich stimme voll und ganz zu*) zu bewerten. Die Studie kam zu dem Schluss, dass Konsument:innen die Verpackung aus Papier und Plastik als signifikant umweltfreundlicher wahrnehmen als die Verpackung aus reinem Plastik. Faustformel: Papier ist umweltfreundlicher als Plastik. Sie schmunzeln? Aber eigentlich ist das traurig, oder? Und Hand aufs Herz: Wem von Ihnen wäre es intuitiv auch so gegangen? Das Studienergebnis zeigt, dass Konsument:innen auf die Schnelle eine vereinfachte und verzerrte Wahrnehmung von umweltfreundlichen Verpackungen haben: Beide Riegel waren natürlich in gleich viel Plastik verpackt. Das Papier in Gruppe 2 kam auf den Verpackungsmüll sogar noch obendrauf, war also gänzlich überflüssig, sodass die Papier-Plastik-Verpackung weniger umweltfreundlich ist, weil mehr Material ohne Mehrwert verwendet wird.

Dieses Beispiel zeigt sehr anschaulich das Dilemma der 60% auf: Sie stehen vor einem Ladenregal und wollen das Richtige, das heißt in dem Fall das Nachhaltige, tun. Und um das Nachhaltige zu tun, greifen sie auf eine simple Heuristik zurück, nämlich PAPIER = GUT und PLASTIK = SCHLECHT. Nur noch solche »Tricks« helfen ihnen, um

Papier = Gut

Plastik = Schlecht

in dem Wirrwarr von nachhaltigen Produkten und Labels Entscheidungen zu treffen.

Wenn es zu komplex wird, steigen normale Menschen aus. Getrieben und verleitet von kognitiven Verzerrungen, Konsummythen und auch Konsumirrtümern sucht das 60%-Potenzial nach Abkürzungen im Informations- und Wahrheitsdschungel. Wenn es Marken nicht gelingt, die entscheidungsrelevanten und wahrheitsfördernden Informationen auf eine Art und Weise zur Verfügung zu stellen, die in das Leben und den Alltag der 60% passen, werden diese sich weiterhin mit vereinfachenden Faustformeln und Stammtisch-Weisheiten behelfen, um auf rutschigen, aber eben doch kürzeren intellektuellen Trampelpfaden möglichst schnell und einfach zum Ausgang zu kommen.

Ist die Hoffnung also ganz verloren? Sollten Sie an dieser Stelle lieber aufhören, dieses Buch zu lesen? Keine Bange! Denn wie das folgende Experiment beweist, gibt es Anlass zur Hoffnung.

Im Jahr 2015 wurde auf dem Berliner Alexanderplatz ein grelltürkiser Automat mit dem Schriftzug »T-Shirts für 2 Euro!« aufgestellt. Dieser Automat zog tatsächlich 150 Leute an. Der Trampelpfad war hier schon vorprogrammiert: Es wurde zielstrebig auf das günstige T-Shirt zugesteuert, die Abbiegung zu nachhaltigen Bedenken wurde leider verpasst.

Sobald die Menschen eine Münze in den Automaten geworfen hatten, bekamen sie statt des versprochenen Billig-T-Shirts zunächst ein Video gezeigt. In diesem Video wurden Einblicke in die Produktionsstätten gegeben und schockierende Szenen gezeigt, wie größtenteils Frauen und Kinder unter nicht menschenwürdigen und zum Teil lebensbedrohlichen Bedingungen bei minimalem Lohn für diese T-Shirts arbeiten. Nach kurzer Zeit konnten sich die Menschen dann entscheiden: Wollen Sie das T-Shirt wirklich kaufen, oder möchten Sie die 2 Euro lieber spenden? Viele der Menschen entschieden sich tatsächlich dafür, den Betrag lieber zu spenden.[68] Sie haben sich also überlegt, den Trampelfpad zu verlassen und einen neuen Weg einzuschlagen.

Dieses Beispiel zeigt uns auf, dass sich Menschen tatsächlich eher nachhaltig-ethisch verhalten, wenn wir es schaffen, sie von ihrem Trampelfpfad abzubringen. Das Thema Informationsarchitektur für das 60%-Potenzial ist darum entscheidend. Wussten Sie übrigens, dass viele Landschaftsarchitekt:innen dazu übergehen, die Wege auf neuen Grünflächen erst nach ein bis zwei Jahren final anzulegen, wenn die Trampelpfade der Menschen sichtbar sind?

Customer Insight 3

Bei den 60% schlägt der Preis die Nachhaltigkeit. Aber es gilt auch: Marke schlägt Preis.

Auch wenn es in Studien anders angegeben wird: Der Preis schlägt doch oftmals den grünen Konsum. Bei den theoretisch abgefragten Aufpreisbereitschaften handelt es sich doch nur um eine Einstellung. Sobald an einem anderen Produkt ein besseres Preisschild hängt, vergessen die 60% ihre guten Vorsätze. Nur die Öko-Fans sind hier um einiges konsequenter und damit preistoleranter, weil ihr priorisiertes Kaufkriterium Nachhaltigkeit ist.

In vielen Studien zeigt sich das alte Bild: Menschen, die angeben, dass der Preis ein entscheidender Faktor für sie sei, konsumieren in der Praxis trotzdem nicht grüner. Doch wenn der Preis für die breite Masse entscheidender ist als Nachhaltigkeit, dürften fast keine grünen Produkte verkauft werden, denn die meisten von ihnen sind de facto teurer.

Unter welcher Bedingung kauft die breite Masse doch grüne Produkte? Unsere Antwort für die 60%: Eine starke Marke, die zum Beispiel Lifestyle oder Qualität verkörpert, schlägt dann doch wieder den Preis. Dies äußert sich darin, dass die 60% für nachhaltige Produkte, die von einer starke Marke getragen werden, oftmals ein Vielfaches des Geldes ausgeben, was sie für Wettbewerbsprodukte ausgeben würden.

Marke > Preis > Nachhaltigkeit

Beispiel Tesla: Nachhaltigkeit und Vision

Tesla, ein Pionier der Elektromobilität, wurde nie als »nachhaltig« vermarktet. Während in den Kampagnen für elektrische Autos vieler Wettbewerber oftmals Themen wie Effizienz und Umweltfreundlichkeit im Vordergrund stehen, betont Tesla das visionäre Design, den technologischen Antrieb und früher auch die Reichweite. Besonders in den Anfangszeiten hatten Elektroautos noch stark damit zu kämpfen, dass die Menschen Angst hatten, mit ihnen auf der Straße liegen zu bleiben und es nicht bis zur nächsten Ladestation zu schaffen. Solche Argumente sprechen nicht nur die Öko-Fans, sondern eben auch die breite Masse an. Und die breite Masse kauft einen Tesla eben nicht wegen der Nachhaltigkeit und auch nicht wegen des Preises – der ist nämlich verhältnismäßig hoch –, sondern wegen der Marke und dem Leistungsversprechen.

Wenn man keine starke Marke hat, muss man zumindest preislich attraktiv sein. So bietet Citroën ein E-Auto an, das mit 300 Kilometern Reichweite, viel Platz und einem günstigen Preis viele positive Eigenschaften hat. Mit einem überzeugenden Paket erreicht man viele Menschen und nicht nur die Öko-Fans.

Beispiel Oatly: Nachhaltig und hipp

In der Regel ist Hafermilch im Vergleich zu konventionellen Milchprodukten in Supermärkten teurer. Auch in Cafés muss oftmals ein Aufschlag dafür gezahlt werden. Für Bio-Hafermilch kommt dann nochmals ein Preispremium drauf. Die Öko-Fans zahlen diesen Aufschlag gerne, die 60% manchmal sicherlich auch. Aber bei anderer Gelegenheit greifen sie doch zur konventionellen Milch, welche günstiger angeboten wird.

Wie kann es sein, dass Hafermilch teurer ist? Sie besteht ja fast nur aus Hafer und zu über 90% aus Wasser. Bei einer konventionellen Milch steht dagegen der Aufwand der ganzen Milchproduktion im Hintergrund. Basierend auf den Inhaltsstoffen lässt es sich also kaum rechtfertigen, dass Hafermilch mehr kostet als konventionelle Kuhmilch. Die Industrie erklärt diesen Preisunterschied in Deutschland und Österreich mit der unterschiedlichen Besteuerung: Kuhmilch wird nämlich nur mit 7% besteuert, Hafermilch als ein verarbeitetes Lebensmittel jedoch mit 19%.

Nun sind höhere Preis normalerweise nicht das, was die 60% motiviert, zuzugreifen. Aber was sie faszinieren und aktiveren kann, ist eine starke Marke, wie wir es am Beispiel von Oatly sehen. Denn trotz der Tatsache, dass Oatly mehr kostet, wird die Hafermilch doch von immer mehr Menschen gekauft, auch von denen außerhalb der Bio-Bubble. Pflanzliche Alternativen schaffen es zunehmend in die breite Masse. Ein großer Anteil der Menschen kauft pflanzliche Milch wegen der Marke, die auf ihre Identität und ihren Lifestyle einzahlt. Oatly hat mit seiner starken, hippen Marke sicherlich zu diesem Erfolg beigetragen.

Ursprünglich wurde Oatly an der Universität in Lund entwickelt. Der Erfolg bis 2014 war jedoch sehr überschaubar. Damals war Oatly noch als sehr nachhaltige Marke positioniert. Ab dem Jahr 2014 wurden unter dem CEO Toni Petersson das Verpackungsdesign und der Auftritt der Marke komplett angepasst. Oatly wurde verjüngt und sollte mit dem neuen Slogan »It's like milk but made for humans« die breite Masse ansprechen. Diese Strategie wurde von Vertriebsseite durch massive Kooperationen mit Hipstercafés und Barista-Shops unterstützt. Dadurch wurde die Marke attraktiv für den Mainstream.

Beispiel Birkenstock: Gesundheit und Trend

Ursprünglich galt Birkenstock als Marke für gesundheitsbewusste Menschen, war schon fast anti-mainstream und anti-fashion. Unter den Öko-Fans gewann der Schuh große Popularität, als er in Kalifornien in Reformhäusern verkauft wurde. Birkenstock ist mittlerweile wohl eine der bekanntesten Schuhmarken im deutschsprachigen Raum. Der Umsatz steigt kontinuierlich an, obwohl die Schuhe verhältnismäßig teuer sind.

Es ist also ein Schuh, der gut für die Füße ist, aber nicht so gut fürs Portemonnaie. Es gibt deutlich günstigere Alternativen, die auch nicht schlecht sind. Warum kaufen die Leute Birkenstock?

Auch hier führen wir es wieder auf die starke Marke zurück. Birkenstock hat sich von einer Öko-Marke zu einer Lifestyle-Marke gewandelt. Der Weg zur Marke führte über die Laufstege dieser Welt. Über einen Flirt mit der Ugly-Fashion-Bewegung und klug gewählte Kollaborationen, wie etwa mit Dior, wurde das Image langsam, aber bestimmt verändert. Spätestens als dann das US-amerikanische Model Kendal Jenner die Boston Birkenstocks trug und diese auf TikTok viral und innerhalb kürzester Zeit bis zum Ausverkauf über den Tresen gingen, war das Ziel erreicht. Die »Öko-Latschen« wurden dann teilweise auf Wiederverkaufsplattformen für das Doppelte des Preises gehandelt. Der Hype war perfekt, als die Schuhe 2023 im *Barbie*-Film erschienen.

Ein Öko-Schuh zum Premiumpreis sollte für die 60% eigentlich nicht ansprechend sein. Wieso werden Birkenstock die Schuhe dennoch aus der Hand gerissen? Es ist die Marke Birkenstock, die zum Lifestyle und auch zur Identität der 60% passen.

Customer Insight 4

In den Augen der 60% ist ökologische Nachhaltigkeit kein differenzierender Faktor mehr.

Kampagnen zu Nachhaltigkeit gibt es wie Sand am Meer. Nennen Sie mir einen Wettbewerber, der nichts in Richtung ökologische Nachhaltigkeit macht! Den meisten Unternehmen fällt es schwer, eine Antwort auf diese Frage zu finden.

Die Karawane zieht aber weiter – weg von der Frage, *ob* man überhaupt über sein Nachhaltigkeitsengagement redet. Das wird heutzutage als selbstverständlich vorausgesetzt. Nun geht es um die Frage, *wie* man diesem Engagement denn nun konkret nachkommt. Dabei gibt es natürlich unterschiedliche Qualitätsstufen. Beispiel: Das Ausloben eines Klimareduktionsziels in der Zukunft und das Zeigen einer Klimakompensation im Hier und Jetzt ist heutzutage Standard. Dafür bekommt man eigentlich keinen Blumenstrauß mehr. Die Differenzierung liegt im »Wie«. Kompensieren Sie für 16,50 Euro pro Tonne CO_2

in ein Mangrovenwald-Projekt irgendwo im globalen Süden, über dessen Bestehen über die garantierten zehn Jahre hinaus nichts Gesichertes bekannt ist? Oder kompensieren Sie für 50 Euro die Tonne in ein regeneratives Landwirtschaftsprojekt in Schleswig-Holstein?

Nun kommt die Krux: Bei den 60% gehen Ihre »Ob«-Argumente zum linken Ohr rein und zum rechten wieder raus. Es ist ihnen zu viel. Bei Ihren »Wie«-Argumenten schalten sie ganz ab. Zu kompliziert. Die Öko-Fans interessiert die »Wie«-Ebene natürlich brennend. Für sie macht es auch einen Unterschied, den sie verstehen wollen und können. Sie betreiben den dafür notwendigen Aufwand. Aber für die breite Masse an Menschen lautet unsere Prognose: Allgemeine Nachhaltigkeitsaussagen sind inflationär und Hygienefaktoren. Spezifische Nachhaltigkeitsaussagen sind komplex und darum irrelevant.

Ökologische Nachhaltigkeit ist also schon länger kein differenzierender Faktor mehr.

Marken versuchen, sich mittels einer Differenzierung von Wettbewerbern abzuheben: »Ich habe hier ein einzigartiges Angebot für dich. Das bekommst du nur bei mir.« Differenzierung heißt eben nicht, in der Masse unterzugehen, sondern herauszustechen. Über eine starke, gelungene Differenzierung lassen sich oftmals auch höhere Preise rechtfertigen.

Jahrelang haben sich nachhaltige Produktspezifikationen durch ihre bloße Existenz dazu geeignet, sich von der Konkurrenz zu differenzieren. Denn sie waren selten und kein Standard. Im Kopf der Konsument:innen war man nicht nur irgendeine austauschbare Trinkflasche, sondern eine nachhaltige, wiederverwendbare Trinkflasche unter dem Markennamen SIGG. Oder eben eine Outdoorjacke aus nachhaltigen Materialien unter der Marke Patagonia.

Am Beispiel der grünen Pioniere sieht man besonders, wie die Dimension der ökologischen Nachhaltigkeit erfolgreich verwendet wurde, um sich von der Konkurrenz abzuheben. Weleda, Pionierin in der Naturkosmetik, legt seit der Gründung besonderen Wert auf den Klimaschutz und die Artenvielfalt. The Body Shop startete mit der starken Differenzierung über das Tierwohl und gegen Tierversuche. Und in kleinen, lokalen Biosupermärkten bekommen Konsument:innen seit Jahrzehnten ein nachhaltiges Einkaufserlebnis. All diese Beispiele haben gemeinsam, dass die Zielgruppe für diese Produkte überschaubar ist:

die umweltbewussten »Ökos« – in unserer Sprache die Öko-Fans –, die bereit sind, einen Premiumpreis für ein nachhaltiges Produkt zu zahlen.

Die offensichtlichen Veränderungen im Klima und in unserer unmittelbaren Lebenswelt haben die ökologische Nachhaltigkeit in den Köpfen der Mehrheit der Konsument:innen – und dies über die verschiedenen Altersgruppen hinweg – fest verankert. Nachhaltigkeit ist nicht nur salonfähig geworden, sondern ein VIP-Gast!

Deshalb kommt auch kaum mehr ein Unternehmen an der ökologischen Nachhaltigkeit vorbei: Mastercard deckt Gletscher ab, um sie vor dem Abschmelzen zu schützen. Nespresso bietet ein Recyclingprogramm für seine Aluminiumkapseln an. Und Tilsiter verkauft einen klimaneutral produzierten Käse.

Wie überzeugend diese Aktionen der obigen Marken sind, haben alle selbst zu entscheiden. Was diese Aktionen auf jeden Fall auslösen: Sie erhöhen den kommunikativen Wettbewerbsdruck und führen zu einem inflationären Gebrauch vermeintlich grüner Alleinstellungsmerkmale, die durch ebendiesen massenhaften Gebrauch nicht mehr alleinstellend sind. Ökologische Nachhaltigkeit ist kommunikativ nur noch sehr bedingt differenziert. Heutzutage findet man nachhaltige Naturkosmetik nicht mehr nur von Weleda, sondern auch im Discounter: Was unterscheidet Weleda jetzt in den Augen der Konsument:innen noch von den Produkten bei Aldi? Wofür steht Weleda, wie differenziert sich Weleda, und wie kann der höhere Preis gerechtfertigt werden? Und welche dieser Abgrenzungsargumente können und wollen die 60% verstehen?

Diese Entwicklung sieht man über verschiedene Branchen hinweg: Zara, der Inbegriff von Fast Fashion, bietet eine nachhaltige Kollektion an. Nach langem Zögern produziert jetzt auch die deutsche Autoindustrie E-Autos. Und Luxusmarken wie Cartier, Channel, Moncler, Burberry sind auf den ökologischen Nachhaltigkeitszug aufgesprungen.

Diese Sustainable Immigrants – Marken, bei deren Gründung ökologische Nachhaltigkeit nicht im Fokus stand – bringen dadurch die Sustainable Natives – Marken, die mit einer grünen DNA gestartet sind – ziemlich unter Druck. Die USPs werden geklaut! Ökologische Nachhaltigkeit differenziert nicht mehr. Um es noch deutlicher und natürlich völlig überspitzt zu sagen: Um sich zu differenzieren, sollte man

NICHT nachhaltig sein. Dann würde man als Marke aus der Masse herausstechen. Das ist natürlich nicht die Empfehlung der Autor:innen.

Da Nachhaltigkeit nicht mehr differenziert, wird sie zunehmend zu einem Hygienekriterium – für manche Konsument:innen früher, für andere später. Ein Hygienekriterium ist ein Kriterium, das einfach vorausgesetzt wird, aber nicht kaufauslösend ist. Zum Beispiel muss die Produktqualität in den Augen der Konsument:innen stimmen. Das Auto muss für Verkehrssicherheit stehen, günstig sein und einen hohen Wiederverkaufswert haben. Und in Zukunft muss es auch noch grün sein. Dieses Grün wird erwartet, ist aber nicht mehr länger der differenzierende Faktor, sondern ein Hygienekriterium.

Als Hygienekriterium wird ökologische Nachhaltigkeit sicherstellen, dass eine Marke beziehungsweise ein Produkt überhaupt im »Consideration Set« der Konsument:innen landet. Dies ist beileibe keine geringe Aufgabe. Daher kommt auch kein Unternehmen mehr am Thema ökologische Nachhaltigkeit vorbei. Ökologische Nachhaltigkeit ist jedoch keine Kaufgarantie, da sie nicht mehr von allein differenziert. Im »Wie« der Nachhaltigkeitsbemühungen eine kommunikative Kante zu finden, die auch in der breiten Masse, das heißt bei den 60%, für Wahrnehmung und Differenzierung sorgt, gehört zu den vornehmsten Aufgaben des Marketings der Zukunft.[69]

Customer Insight 5

Angst vor Greenwashing und deshalb Greenhushing? Für die 60% ist Nachhaltigkeit ein Weg und kein Endzustand.

Greenwashing-Vorwürfe schmücken dieser Tage häufig die Seiten der Tageszeitungen und der sozialen Medien und machen deutlich, was passiert, wenn Unternehmen für ein nicht nachhaltiges Fehlverhalten öffentlich angeprangert werden. Die Spanne der Fälle reicht von Lüge über Intransparenz bis zu einer blumigen Ausgestaltung von Marketingclaims. Diverse NGOs und Journalist:innen-Kollektive schauen den Unternehmen sorgfältig auf die Finger und verleihen sogar eigene Greenwashing-Preise. Das ist auch gut so, denn Nachhaltigkeit muss auf Substanz aufbauen, statt die Marken durch kreative Übertreibungen und Beeinflussungen grüner anzustreichen, als sie sind.

Was ist eigentlich Greenwashing?

»Greenwashing« bezieht sich auf die Praxis, irreführende oder unbegründete Behauptungen über die Umweltvorteile eines Produkts, einer Dienstleistung, eines Unternehmens oder einer Praxis zu machen, um ein umweltfreundlicheres Image zu präsentieren. Im Wesentlichen geht es darum, sich fälschlicherweise als umweltbewusst darzustellen, um Verbraucher:innen anzulocken oder das öffentliche Ansehen zu verbessern, ohne tatsächlich bedeutende Anstrengungen zur Reduzierung der Umweltbelastung zu unternehmen. Greenwashing kann sich über verschiedenste Dimensionen erstrecken:

Irreführende Kennzeichnungen Die Verwendung von Etiketten oder Marketingsprache, die darauf hinweist, dass ein Produkt umweltfreundlich ist, obwohl dies nicht der Fall ist. Beispielsweise ein Produkt als »grün«, »umweltfreundlich« oder »natürlich« zu kennzeichnen, ohne Nachweise für diese Behauptung zu liefern.

Übertriebene Behauptungen Das Aufstellen übertriebener oder vager Behauptungen über Umweltvorteile, ohne Beweise oder Kontext bereitzustellen. Zum Beispiel zu behaupten, dass ein Produkt »100% nachhaltig« sei, ohne zu erklären, welche Aspekte des Produkts oder des Herstellungsprozesses nachhaltig sind.

Ablenkungstaktiken Das Hervorheben geringfügiger Umweltinitiativen oder Verbesserungen, während größere Umweltprobleme oder schädliche Praktiken heruntergespielt oder ignoriert werden. Zum Beispiel das Recyclingprogramm eines Unternehmens bewerben, während die erheblichen Kohlenstoffemissionen ignoriert werden.

Grüne Verpackung Die Verwendung von umweltfreundlichen Verpackungsmaterialien oder -designs, um den Eindruck von Nachhaltigkeit zu erwecken, auch wenn das Produkt selbst nicht umweltfreundlich oder die Verpackung übermäßig ist.

Falsche Zertifizierungen Das Anzeigen gefälschter oder irrelevanter Zertifizierungen oder Empfehlungen, um Umweltglaubwürdigkeit vorzutäuschen. Zum Beispiel ein Logo oder Siegel verwenden, das einer legitimen Umweltzertifizierungsorganisation ähnelt, aber von seriösen Behörden nicht anerkannt wird.

Greenwashing ist in der Praxis jedoch nicht zwangsläufig eine Lüge. Wir würden sogar so weit gehen zu behaupten, dass bei einem Großteil der Unternehmen nicht einmal Absicht dahintersteckt. Kaum ein:e Marketingmanager:in wird heutzutage in der Teamsitzung sitzen und sich denken: »Heute führe ich meine Kundschaft mal so richtig hinters Licht.« Denn die Gefahr, damit aufzufliegen, ist in unserer digitalen und globalen Welt um ein Vielfaches größer als früher.

Daher verstehen wir Greenwashing in seinem Ergebnis als Straftat und Mangel an Moral, in seiner Entstehung aber eher als Kopfsalat und Mangel an Kompetenz. Beispielsweise ist es schwierig, richtig einzuschätzen, was wirklich in der Wertschöpfungskette passiert oder wie die Medien, die NGOs oder andere Menschen die Kommunikation letztlich interpretieren. Trotz zum Teil durchaus bester Absichten ist ein Fehltritt bei der Nachhaltigkeits-PR und damit ein Shitstorm auf Social Media schnell passiert. Dabei wollte man ja eigentlich nur etwas Gutes tun. Wieso man plötzlich in der Kritik steht, kann man sich nicht richtig erklären. Das erzeugt Angst vor Greenwashing bei den Unternehmen.

Greenhushing gegen Greenwashing

Diese Angst ist teilweise so stark ausgeprägt, dass sich manche Unternehmen in der Folge entscheiden, ihre Nachhaltigkeitsbemühungen lieber nicht so prominent zu kommunizieren. Diesen Trend nennt man Greenhushing. Das heißt, man tut Gutes und schweigt lieber, anstatt darüber zu reden. Während Greenwashing Kommunikation ohne Substanz ist, ist Greenhushing Substanz ohne Kommunikation (siehe Abbildung 6). Greenhushing ist damit die neuste Stilblüte einer emotionalen und kreativen Verzagtheit.

Was ist eigentlich Greenhushing?

Die Angst vor Greenwashing geht bei den Unternehmen um. Trotz ihrer Bemühungen kann es scheinbar jeden treffen. Laut dem Net-Zero-Report (2022) von Southpole entscheiden sich deshalb 30% der deutschen Unternehmen dazu, über ihre nachhaltigen Fortschritte zu schweigen.[70]

Dieses Schweigen wird Greenhushing genannt (engl. *to hush*; verstummen). Der Begriff beschreibt die Praxis, die positiven Umweltauswirkungen von Produkten, Dienstleistungen oder Aktivitäten zu bagatellisieren oder herunterzuspielen, insbesondere in Marketing- oder Kommunikationsbemühungen. Es ist im Wesentlichen das Gegenteil von Greenwashing, bei dem Organisationen Umweltbehauptungen absichtlich übertreiben.

Ist diese Angst vor Greenwashing-Vorwürfen wirklich gerechtfertigt? Wenn man sich die Greenwashing-Skandale anschaut, dann werden diese oftmals von Initiativen und Unternehmen aufgedeckt und veröffentlicht, die eher dem aktivistischen Lager angehören. Wie reagiert aber die breite Masse der Gesellschaft, das heißt die 60%, auf die Nachhaltigkeitskommunikation von Unternehmen?

Um hierfür ein besseres Verständnis zu bekommen, haben wir an der Universität St. Gallen 138 Menschen drei Fälle aufgezeigt, die in den Medien als Greenwashing dargestellt wurden:

Fall 1: Die Aktion von Mastercard, in der Schweiz pro Kartenzahlung ein Stück Gletscher mit Folie in der Größe einer Mastercard abzudecken – und dies pro Zahlung und mit dem Slogan: »Lasst uns schützen, was schützenswert ist«. In den Schweizer Medien wurde dieser Fall als Greenwashing deklariert.

Fall 2: Die Werbung des Schweizer Käseherstellerbetriebs Tilsiter, der seinen CO_2-neutral produzierten Käse anpreist und mit einem guten Gewissen wirbt. Die Aussage bezieht sich aber nur auf den Footprint der Produktion, der Weg davor, also vom Euter in die Käsefabrik und von dort in die Regale, wurde ausgeblendet. Darauf wird nur im Kleingedruckten hingewiesen. In den Schweizer Medien galt dieser Fall als Greenwashing.

Fall 3: Die Aktion »wahre Preise« der Supermarktkette Penny. Hier hat Penny für ausgewählte Artikel die Preise hochgesetzt, und zwar auf ein Niveau, das auch die Umweltfolgekosten mit einberechnet. Auf den sozialen Medien wurde dieser Fall als Greenwashing diskutiert.

In der folgenden Umfrage sollten die Proband:innen diese Fälle beurteilen. Die Antwortmöglichkeiten waren:

1) Definitiv Greenwashing,

2) Hmm, ich weiß es nicht,

3) Kein Greenwashing.

Nehmen die 60% diese Fälle als Greenwashing wahr oder nicht? Rund 80% der Befragten bewertete all diese Fälle entweder mit 2) oder mit 3). Die breite Masse scheint also längst nicht so kritisch zu sein wie die Medien. Nur rund 20%, in unserer Sprache die Öko-Fans, sahen die drei Fälle klar als Greenwashing an.

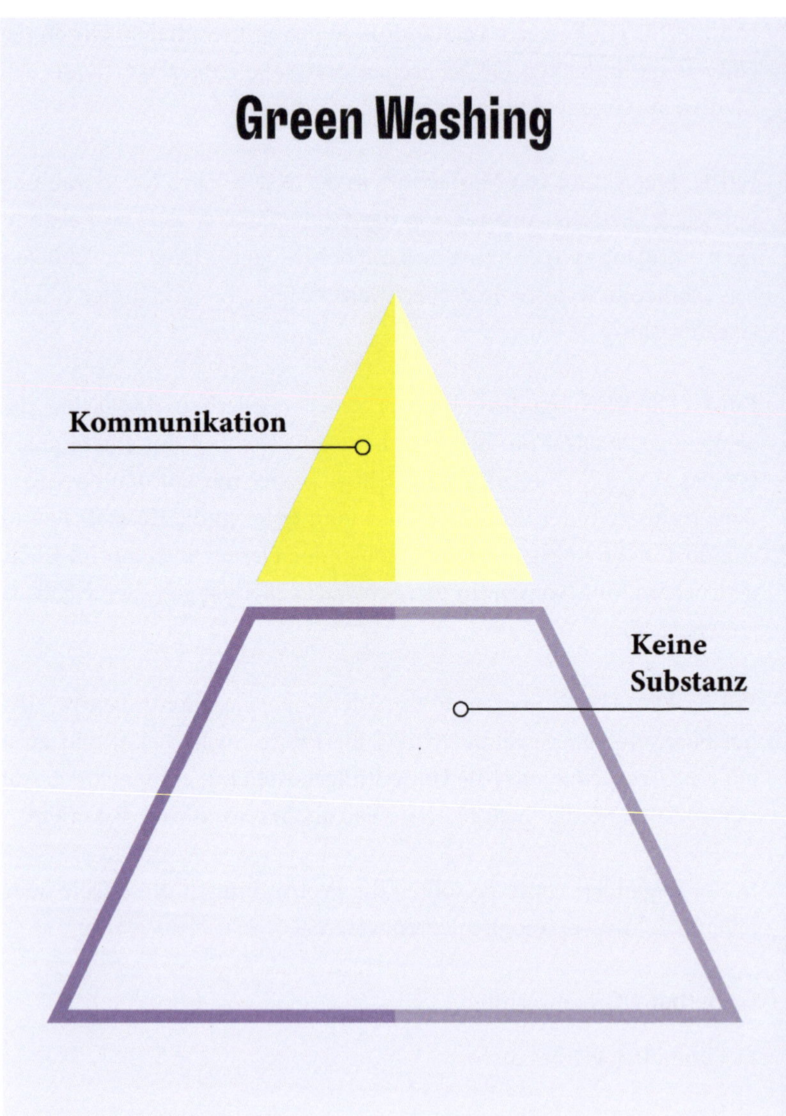

Abbildung 6: Greenwashing versus Greenhushing

Green Hushing

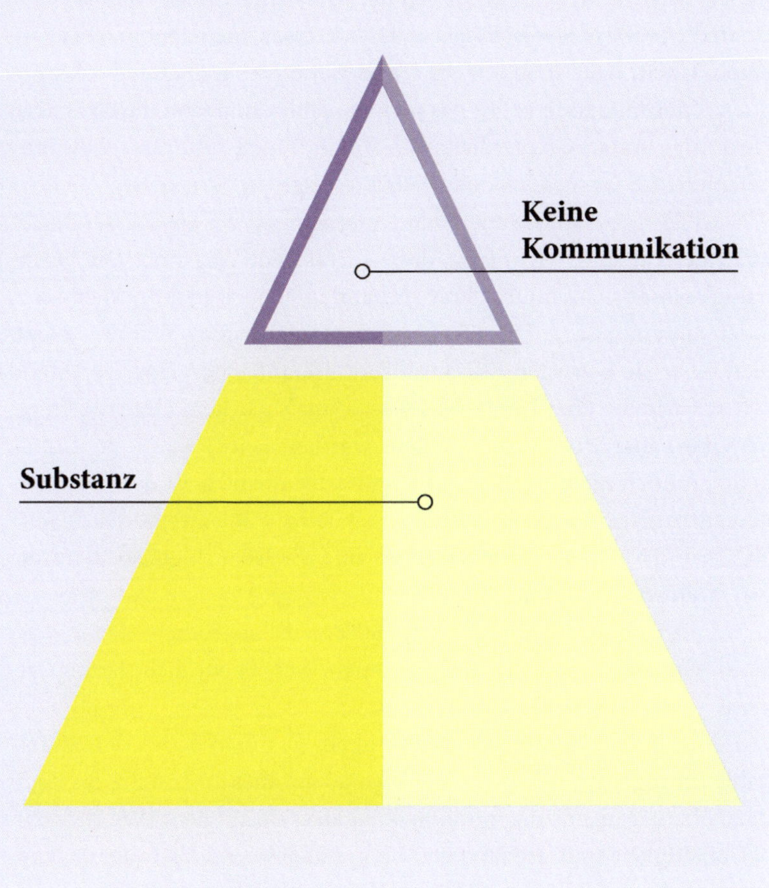

Diese nicht repräsentative Umfrage gibt uns einen ersten guten Anhaltspunkt, dass es gut sein kann, dass die 60% gar nicht so hyperkritisch sind wie die Öko-Fans.

So wichtig die Aufgabe der kritischen Überprüfung von unlauterer Nachhaltigkeitskommunikation für die grüne Sache ist, als Kompass für die Navigation auf dem Ozean der Massennachfrage leitet sie fehl. Denn die breite Masse ist längst nicht so kritisch. Sie selber macht auch einen Schritt nach dem anderen, und wenn dies manchmal inkonsequent oder unlogisch ist, ist das nicht so schlimm. Denn die 60% sind Flexitarier:innen, Gelegenheits-Bio-Käufer:innen und/oder Gewohnheitstiere. Sie versuchen, kleine Schritte zu gehen.

Und das gestehen sie auch den Unternehmen zu: Sie müssen noch nicht perfekt sein, wichtig ist, dass sie auf dem Weg sind. Die Nachhaltigkeitssubstanz muss schon vorhanden, jedoch nicht perfekt sein. Oder anders gesagt: Die 60% finden Greenwashing definitiv nicht okay, aber sie bewerten Kommunikationskampagnen längst nicht so kritisch wie die Öko-Fans und sehen oftmals gar kein Greenwashing, wo Öko-Fans Greenwashing sehen würden. Selbst wenn ein Unternehmen noch nicht 100% nachhaltig ist, für die 60% ist das noch lange kein Anlass für Greenwashing-Vorwürfe. Für extreme Öko-Fans, NGOs und Medien hingegen schon – und das ist auch gut so, denn sie tun ihren wichtigen Job.

Damit ist Greenhushing für die 60% nicht angebracht. Denn was kann man schon bei den 60% gewinnen, wenn man nicht kommuniziert?

Immer mehr Unternehmen, vor allem aus dem Lager der Sustainable Immigrants, arbeiten bereits genau auf diesem Insight. Sie sind dazu übergegangen zu kommunizieren, dass sie auf dem Weg zu mehr Nachhaltigkeit sind. H&M titelt »Let's change!« und lässt offen, wann und wie dies abgeschlossen sein soll. Hauptsache, man fängt mal an. Nestlé ist »Unterwegs nach Besser« und erklärt, sie »sparen tonnenweise CO_2«, und gibt im gleichen Atemzug ganz offen zu, dass da »noch Luft nach oben« ist. Otto wiederum sagt: »Veränderung beginnt bei uns« und lässt dabei aber im Unklaren, wo und wann und wie die Veränderung enden wird. Ist das nun genial oder grenzwertig zum Greenwashing? In den Augen der 60% wohl eher beides nicht.

Der souveräne Umgang mit dem eigenen Unperfekten könnte genau die Decke sein, die den Status und den Bewusstseinszustand vieler Vertreter:innen der 60% warm einhüllt. Nicht perfekt, aber trotzdem in Ordnung. Auf den Weg machen, aber ohne Stress. Sich verändern und trotzdem man selbst bleiben. Was in den Augen kritischer Klimaaktivist:innen wahrscheinlich ein klarer Verdachtsfall für die Greenwashing-Prüfkommission ist, ist für die 60% eine gute Nachricht. Und dies macht Greenhushing obsolet!

Customer Insight 6

Innerhalb der 60% herrscht ein sehr unterschiedliches Verständnis von Nachhaltigkeit.

Wir alle kennen den Begriff der Digitalisierung. Aber verbinden wir damit auch dasselbe? Die einen denken an die Digitalisierung in der Fabrik, die anderen an smarte Produkte, wieder andere an Customer-Relationship-Managementsysteme und so weiter. Nicht anders ist es mit dem Begriff Nachhaltigkeit. Und hier klammern wir schon mal aus, dass unter Nachhaltigkeit neben der ökologischen Dimension auch die soziale Dimension verstanden werden könnte.

Was also verstehen die 60% unter dem Begriff ökologische Nachhaltigkeit?

Im Deloitte Sustainable Food Report[71] wurde den Teilnehmenden die folgende Frage gestellt: »Was verstehen Sie bei Lebensmitteln unter Nachhaltigkeit?« Die Antwort von 57% war geringe Umweltbelastung, 36% dachten an hohe Tierschutzstandards, für 24% ging es um gesunde Lebensmittel und 14% fokussierten auf die Verfügbarkeit und Erschwinglichkeit für alle. Hier sieht man schon, dass verschiedene Menschen ganz verschiedene Seiten der Nachhaltigkeit im Kopf haben. Kann man also überhaupt von »einem« nachhaltigen Segment sprechen?

Konsument:innen, die angeben, sich nachhaltig zu verhalten, verfolgen zwar ein ähnliches Ziel, aber ihr individuell definierter Weg in

Abbildung 7: Die unterschiedlichen Facetten der Nachhaltigkeit der 60%

Nachhaltigkeit ist wichtig!
Zusatzstoffe in Lebensmitteln sind mir ein Graus.
Kinderarbeit geht gar nicht!
Nachhaltigkeit ist wichtig!

Richtung Nachhaltigkeit ist oftmals komplett unterschiedlich. Undifferenzierte Umfrageergebnisse helfen uns hier nicht weiter, da sie unterstellen, dass alle Befragten unter Nachhaltigkeit dasselbe verstehen.[72]

Unternehmen sollten deshalb nicht von einem nachhaltigen Segment sprechen. Innerhalb der nachhaltigen Käuferschaft könnten die Unterschiede nämlich unterschiedlicher nicht sein. So können zwar alle Kund:innen des Unternehmens angeben, dass ihnen Nachhaltigkeit wichtig sei, aber darunter etwas ganz anderes verstehen: Manchen geht es um die Optimierung ihrer eigenen Gesundheit, anderen um Regionalität und wiederum anderen um Delfine in den Weltmeeren, die in Plastikmüll ersticken. Außerdem ist es fast ein Ding der Unmöglichkeit, all die unterschiedlichen Verständnisse von Nachhaltigkeit mit nur einem einzigen Produkt oder einer Dienstleistung einzufangen.

Die 60% weisen insgesamt also viele Facetten auf. Ökologische Nachhaltigkeit kann für sie ganz unterschiedliche Bedeutungen haben. Wir haben hier absolut keine homogene Masse, auch wenn wir sie im Marketing gerne als eine solche verstehen würden. Die 60% verfolgen, wenn sie sich denn für Nachhaltigkeit engagieren, durchaus unterschiedliche Nachhaltigkeitsziele. Und diese Ziele können teilweise sogar in Konflikt zueinander stehen. Ein klassischer Konflikt ist zum Beispiel: rohstoffbezogene Ziele versus CO_2-Ziele. Plastikflaschen sind leichter und haben deshalb unter bestimmen Transportumständen eine bessere CO_2-Bilanz als die schwerere Glasflasche. Trotzdem sind sie aus Plastik und landen irgendwann als Mikroplastik in diversen Organismen. Ein anderer Konflikt liegt zwischen CO_2-Zielen versus Ethik und Gesundheit. Die Rede ist von den seltenen Rohstoffen in Elektrobatterien, die zum Teil toxisch sind und unter nicht gesicherten Arbeitsbedingungen gewonnen werden. CO_2-Bilanz top, Ethik aber eher Flop? Ein weiteres Beispiel ist der Konflikt Tierwohl versus eigenes Gesundheitswohl. Pflanzliche Fleischalternativen sind ohne Frage besser für die Tiere, je nach Menge und Art der künstlichen Zusatzstoffe und dem Grad der industriellen Verarbeitung aber nicht unbedingt besser für die eigene Gesundheit. So kann ein Engagement von zwei verschiedenen Personen völlig unterschiedlich bewertet werden – je nach Nachhaltigkeitsverständnis und -zielsetzung.

Marketingverantwortliche müssen sich dieser Heterogenität bewusst sein und dürfen keinesfalls die breite Masse über den gleichen nachhaltigen Kamm scheren. Die Menschen haben nämlich ein unterschiedliches, teilweise widersprüchliches Verständnis von Nachhaltigkeit.

Customer Insight 7

Nachhaltigkeit muss sich »lohnen«. Die 60% wollen vor allem das eigene Leben verbessern.

Für die Öko-Fans ist ökologische Nachhaltigkeit eine Herzenssache. Viele von ihnen wollen durch ihr angepasstes Konsumverhalten wirklich die Welt verändern und sie besser machen.

Dieses Bewusstsein für Nachhaltigkeit gibt es auch bei den 60%, doch für sie gibt es nicht nur die Vorteile für die Allgemeinheit in der ökologischen Gleichung. Unter dem nachhaltigen Summenstrich der breiten Masse geht es im Endeffekt hauptsächlich um den eigenen, persönlichen Vorteil. Beide Nutzendimensionen haben ihre Berechtigung:

Was bringt es der Welt? Einige Beispiele für einen Nutzen von »mehr Nachhaltigkeit« für andere und die Allgemeinheit: Artenschutz und Biodiversität (Bienensterben verhindern), Ressourceneffizienz und Schadstoffeintrag (weniger Plastik in den Weltmeeren, Recycling), Tierwohl und Flächennutzung (regionale, regenerative Landwirtschaft, Ernährungswende).

Was bringt es mir? Einige Beispiele für einen Nutzen von »mehr Nachhaltigkeit« für mich und andere Individuen: Lifestyle (Zugehörigkeit zu modernen/coolen Denk- und Handelsweisen), Status (es sich leisten können), Cleverness (grüne Schnäppchen machen, gebrauchte Mode kaufen), Genuss (Fahrerlebnis mit einem E-Auto), Gesundheit (vegane Ernährungsumstellung).

Im Idealfall werden natürlich beide Nutzendimensionen erfüllt. Der entscheidende Unterschied für die Öko-Fans und die 60% liegt aber in den Prioritäten. Denn die Hierarchie der Nutzendimensionen ist für die 60% genau andersherum als für die Öko-Fans:

Öko-Fans Es muss sich für das Klima lohnen, und wenn noch etwas für mich herausspringt, umso besser.

60 % Es muss sich für mich lohnen, und wenn es dann noch gut für die Umwelt ist, umso besser.

Dass sich Nachhaltigkeit individuell lohnen muss, zeigt sich auch daran, dass Menschen es den Unternehmen zugestehen, mit Nachhaltigkeit Geld zu verdienen. Das heißt, es muss sich auch für die Unternehmen lohnen. In einer Studie wurden hierfür zwei Ausführungen eines Werbetextes miteinander verglichen:[73]

Variante A: Durch die Initiative konnten wir die riesigen Mengen an Waschmittel und Strom, die für das tägliche Waschen dieser Artikel benötigt wurden, erheblich reduzieren.

Variante B: Durch die Initiative konnten wir die riesigen Mengen an Waschmittel und Strom, die für das tägliche Waschen dieser Artikel benötigt wurden, erheblich reduzieren. *Natürlich haben wir dabei auch sehr viel Geld gespart.*

Welche Ausführung wirkte glaubwürdiger auf die Menschen? Es ist die Variante B. Darin zeigt sich, dass es für die breite Masse vollkommen legitim ist, dass sich Nachhaltigkeit auch lohnt. Die 60% wissen, dass die grüne Transformation irgendwie bezahlt werden muss, und finden es vollkommen in Ordnung, wenn Unternehmen mit diesem Aspekt offen und ehrlich umgehen. Das ist für sie Glaubwürdigkeit.

Stichwort Ehrlichkeit: Wir leben in einer Konsumgesellschaft – und werden es auch noch in ein paar Jahrzehnten tun. Was heißt das eigentlich?

Eine Konsumgesellschaft ist eine soziale und wirtschaftliche Anordnung, bei der die Haupttreiber der Wirtschaft die Produktion und der Konsum von Produkten und Dienstleistungen sind. In einer Konsumgesellschaft werden Einzelpersonen und Haushalte dazu ermutigt, Güter und Dienstleistungen auf hohem Niveau zu erwerben und zu konsumieren, oft über das hinaus, was für die Grundbedürfnisse notwendig ist.

Der Konsum wird so zu einem zentralen Aspekt der sozialen Identität und des Status. Menschen werden oft nach dem beurteilt, was sie besitzen oder konsumieren, anstatt nach anderen Faktoren wie persönlichen Leistungen oder Werten. Im Umkehrschluss heißt das: Konsum ist wichtig für die Menschen, ihre Identitätsarbeit und den eigenen Lifestyle und geht weit über die Bevorratung mit Waren oder Gegenständen hinaus.

In dieser Konsumgesellschaft ist Nachhaltigkeit eben nicht der entscheidende Treiber. Genau das zeigen uns heutige Marktstudien auf. Beim Kauf von einem Lebensmittel, einem Bekleidungsstück, der Wohnungseinrichtung oder Kommunikationselektronik stehen Preis, Qualität und Marke stark im Vordergrund. Das Kriterium »Nachhaltigkeit« macht nur 3% der Nennungen aus.[74] In einer Konsumgesellschaft geht es also hauptsächlich um den eigenen materiellen Vorteil.

Diesen Gedanken kann man jetzt mögen oder nicht, aber wir müssen uns eingestehen, dass die Attraktivität der Konsumgesellschaft enorm ist. Allen richtigen Bedenken zu den Fehlleitungen der Konsumgesellschaft zum Trotz: Übermäßiger Konsum ist ein realer Faktor in der nachhaltigen Transformationsrechnung, den wir nicht wegwischen oder wegargumentieren können. Er ist da und wir müssen mit ihm umgehen – denn die 60% sind auf ihren Vorteil, Spaß et cetera bedacht. Und hierfür ist Konsum nun mal ein großer Hebel!

Öko-Fans

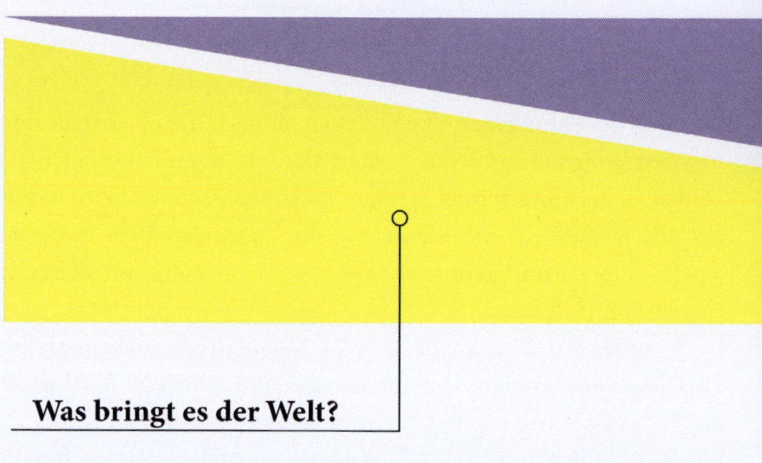

Nutzen von »mehr Nachhaltigkeit« für andere und die Allgemeinheit:

- Artenschutz & Biodiversität (z. B. Bienensterben verhindern)
- Ressourcenschonung & Schadstoffeintrag
  (z. B. weniger Plastik in den Weltmeeren, Recycling)
- Tierwohl & Recycling
  (z. B. regionale regenerative Landwirtschaft, Ernährungswende)
- und vieles andere

Abbildung 8: Die Öko-Fans und die 60% unterscheiden sich bezüglich ihrer Grundsatzfragen

Die 60%

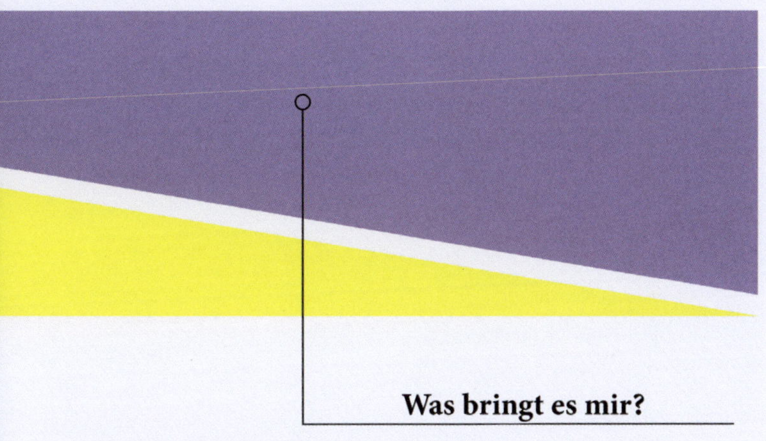

Was bringt es mir?

Nutzen von »mehr Nachhaltigkeit« für mich und andere Individuen:

- Lifestyle (z. B. Zugehörigkeit zu modernen coolen Denk- und Handelsweisen)
- Cleverness (z.B. grüne Schnäppchen machen, gebrauchte Mode kaufen)
- Genuss (z. B. Fahren mit einem E-Auto)
- Gesundheit (z. B. vegane Ernährungsumstellung)
- und vieles mehr

Kapitel 4

Das 60%-Potenzial übersehen – Marken in der Öko-Falle

Wenn Marken große Teile ihres Marketing- und Kommunikationsbudgets auf die Öko-Fans ausgerichtet haben, sind sie in die Öko-Falle getappt. Dadurch fischen sie in einem kleinen Teich, obwohl nebenan ein viel größerer Teich wartet – die 60%. Denen schmecken die alten Öko-Würmer aber nicht.

Die historische Stärke der grünen Pioniere: Substanz

Die treibenden Marken der Nachhaltigkeit hatten in ihren jeweiligen Branchen nicht nur die moralische Überlegenheit auf ihrer Seite. Die besondere Stärke der grünen Pioniere liegt vor allem in der faktischen Qualität der Inhaltstoffe und Fertigungsweisen. Sie begegneten ihren etablierten und weniger nachhaltigen Wettbewerbern also primär über die Art und Weise, wie sie ihre Produkte hergestellt und nicht, wie sie diese vermarktet haben.

Lange Zeit gehörte es regelrecht zum Benimm echter Öko-Pioniere, sehr sachlich und argumentativ zu kommunizieren. Weniger marktschreierisch und persuasiv. Denn mit Letzterem konnten sie im Vergleich zu den gut eingespielten Marketingmaschinen der multinationalen Markenartikler sowieso nicht mithalten, weder in der Expertise noch im Budget. Darum gehörte es zum guten Ton der Branche, die Verbraucher:innen eben nicht zu verführen oder gar zu übertölpeln, sondern seriös zu informieren und vor allem auch zu beraten, was zum Beispiel im Lebensmittelbereich stark mit einer traditionellen Verbundenheit zum Bio-Fachhandel einherging.

Diese Substanz wird durch eine wahre Flutwelle von Labels untermauert. So prasselten im Jahr 2020 in Europa auf die Konsument:innen etwa 230 Umweltzeichen ein. Im Bereich der Lebensmittel, der von der »Labelitis« besonders infiziert war, wurden europaweit 901 Kennzeichnungssysteme geführt; komplettiert von 100 privaten Ökoenergie-Labels innerhalb der EU. Viele Gütesiegel sind jedoch sogenannte freiwillige Siegel und unterliegen dadurch ganz unterschiedlichen Anforderungen an Robustheit, Überwachung und Transparenz. Durchblick? Fehlanzeige. Aber irgendwie vermittelt es ein gutes Gefühl, denn die Substanz scheint ja da zu sein. Das passt für die Öko-Fans. Aber gilt das auch für die 60%?

Ein flankierender Umstand für die erhöhte Sachlichkeit im kommunikativen Umgang mit Nachhaltigkeit soll nicht unerwähnt bleiben und mag den Verantwortlichen zur Nachsicht gereichen: Behauptungen über biologische und ökologische Produkteigenschaften waren und sind durchaus stark reguliert, gegenwärtig unter anderem noch durch die EG-Öko-Verordnung und in Zukunft noch stärker durch die Green-Claims-Direktive der EU (so sie denn hoffentlich 2024 noch das Licht der Welt erblickt).

Vom Wachstums- zum Verdrängungsmarkt – oder: New Kids on the Bio-Block

Seit ein paar Jahren erlebt die Industrie einen Bio-Boom. Der Anteil von Bio-Lebensmitteln am Gesamtumsatz nahm stetig zu.[75] Auch geben Menschen in Umfragen vermehrt an, dass sie prinzipiell gerne mehr Bio einkaufen würden. Das Interesse an Bio ist stetig gewachsen.[76] Sobald der Bio-Trend belastbar genug schien, um ihn gewinnbringend zu skalieren, schossen die nachhaltigen Eigenmarken und Labels wie Pilze aus dem Boden: So haben Rewe und Kaufland ihre nachhaltigen Eigenmarken glatt verdoppelt, Aldi Süd, Lidl oder Penny sogar mehr als verdoppelt. [77] Sie wollen damit die 60% erreichen.

Mit diesem Eintritt der Eigenmarken zu günstigen Preisen in den wachsenden Nachhaltigkeitsmarkt änderte sich in jedem Fall der

Druck, aber überraschenderweise nicht der Stil in der kommunikativen Vermarktung der Produkte. Es blieb produktnah und rational argumentativ. Die Eigenmarken waren erstaunlich treffsicher, die entscheidende Signatur eines nachhaltigen Warenangebotes zu imitieren und den Nimbus der redlichen und aufrichtigen grünen Pioniere für sich zu adaptieren.

Dem Katalog nachhaltiger Produkt-USPs wurden also kaum Emotion oder Esprit hinzugefügt. Im Gegenteil, neben den zahllosen Siegeln und Labels wurde noch eine weitere rationale Facette hinzuaddiert, die bislang in Reformhaus und Co weniger präsent war: der Preis. Damit war der Bodensatz rationaler Kaufpsychologie erreicht: nachhaltige Preis-Leistungs-Vergleiche als Ultima Ratio. Wo bleiben da Glanz und Gloria faszinierender Markenkommunikation?

Die massive Zunahme des Wettbewerbs setzt die Branche unter Druck. Die Nachhaltigkeits-USPs haben zwar den Weg geebnet, aber nun rächt es sich, dass emotionale Alleinstellungsmerkmale als eigene Assets und Differenzierungsanker nur mangelhaft aufgebaut wurden. Und die Qualitätskriterien zum Beispiel des offiziellen Bio-Siegels sind für alle Unternehmen gleich – sie unterscheiden nicht, ob eine Firma schon seit Dekaden den nachhaltigen Wandel betreibt oder erst seit Monaten opportunistisch den Markttrend kapitalisiert.

Zu wenig emotionale Differenzierung

Aus der Sicht der 60% sind Bio- und andere rationale Nachhaltigkeits-Features kein Alleinstellungsmerkmal mehr. Vegan hat einen festen Platz im Angebotsregal. Elektromobilität dominiert den Werbeauftritt jedes Autobauers. Ökostrom gehört zum Tarifkatalog beinahe jedes Energieanbieters. Ethische Investmentalternativen bekommt man von fast jeder Bank angeboten. In nahezu allen Branchen haben sich kommunikativ die nachhaltigen Konsum- und Produktalternativen vom Aschenputtel zur Cinderella gemausert. Die faktische ökologische Qualität ist dabei zunehmend nebensächlich, denn für die breite Masse sind die rationalen Produkteigenschaften in einem schier nicht mehr überschaubaren Angebot von nachhaltigen Marken sowieso kaum mehr auseinanderzuhalten.

Und damit nahm der Druck erst richtig zu. Denn ähnlich wie in konventionellen Massenmärkten wird eine echte Differenzierung auf rationalem Produktlevel auch im Öko-Bereich auf Dauer schwierig bis unmöglich. Zu kurz sind die Zeiträume echter Alleinstellung, zu hoch die Aufwände fortwährender Produktinnovation. Wenn dann auch noch der Preisdruck die Margen und damit die Investitionsspielräume weiter einschränkt, sollte in Nachhaltigkeitskreisen das passieren, was in konventionellen Märkten schon längst gang und gäbe ist: eine Ergänzung des rationalen Wettbewerbs der Fakten und Beweise um einen emotionalen Wettbewerb der Gefühle und Symbolik.

Ein Blick auf eine sehr emotionale und markengetriebene Branche zeigt, was gemeint ist: BMW tut es »Aus Freude am Fahren«, Mercedes-Benz will »Das Beste oder nichts«, Audi versprach sich »Vorsprung durch Technik« und Volkswagen war lange Jahre schlicht und ergreifend »Das Auto«. Die Unterscheidbarkeit dieser Automarken auf Produkt- und Technikebene ist möglich, aber gar nicht nötig, denn der normale Mensch orientiert sich viel einfacher an den großen Markenemotionen, die hier versprochen werden: Wer bin ich, wenn ich diese Marke kaufe? Was sage ich damit über mich aus? Welche emotionalen und psychologischen Zusatznutzen bekomme ich? Und genau das brauchen wir auch für grüne Produkte.

Vom Bio-Boom in die Öko-Falle

Bio boomt (wenn auch weniger stark als die Jahre davor), aber die grünen Pioniere tun sich oftmals schwer. Der Umsatz zum Beispiel von Veganz, dem absoluten Wegbereiter veganer Ernährung in Deutschland, sinkt momentan[78]. Die »New Kids on the Bio-Block« laufen den etablierten Playern den Rang ab, und dies nicht, weil sie unbedingt besser, sondern weil sie in der Regel günstiger sind. Und das ist es, was bei den 60% vor allem zählt. Veganz-Chef Jan Bredack resümiert im

Handelsblatt: »Wir waren einer der *Vegan*-Pioniere. Aber vegane Lebensmittel sind heute nichts Besonderes mehr.«[79] Was tun?

Der aufgezeigte enorme Boom der 2010er Jahre ist nicht gelungen, weil man die treuen Öko-Fans noch treuer gemacht hat. Der entscheidende Impuls kam aus der Eroberung neuer Zielgruppen: der 60%. Doch diese greifen nicht dogmatisch und wertegetrieben zu nachhaltigen Produkten, sondern eher pragmatisch und aktionsgetrieben. Mit der Verlagerung des Spielfelds in den Bereich der breiten Masse veränderten sich also auch die Spielregeln. Unter diesen neuen Regeln punkten die Eigenmarken der Händler und Discounter ebenso wie die neuen nachhaltigen Produkte der etablierten konventionellen Unternehmen.

Raus aus der Öko-Falle

Wer jetzt nicht umschaltet, verpasst den Zug. Denn die 60% reagieren anders als die Öko-Fans. Wir haben vier Hinweise zusammengestellt, die anzeigen, ob Sie Gefahr laufen, sich mit Ihrem Unternehmen in der Öko-Falle zu befinden.

Und, fühlen Sie sich ertappt? Dann schauen wir doch mal etwas genauer hin.

Hinweis 1 für die Öko-Falle: Öko-Produktdesign

Eine seriöse Bank mit einem pinkfarbenen Logo? Ein graues Plakat, das laut »SALE« schreit? Merken Sie etwas? Farben lösen bestimmte Assoziationen bei uns aus. Ihre Wirkung ist natürlich in letzter Konsequenz sehr personenabhängig, aber bestimmte übergreifende Wahrnehmungsmuster existieren und funktionieren zuverlässig. Aus Verbraucher:innensicht ist dies auch absolut sinnvoll. Denn den 60%, die mit einer Aufmerksamkeit von durchschnittlich 90 Sekunden bei sozialen und kommerziellen Interaktionen Entscheidungen treffen und Präferenzen ausbilden müssen, ist jede Hilfe willkommen. Schnel-

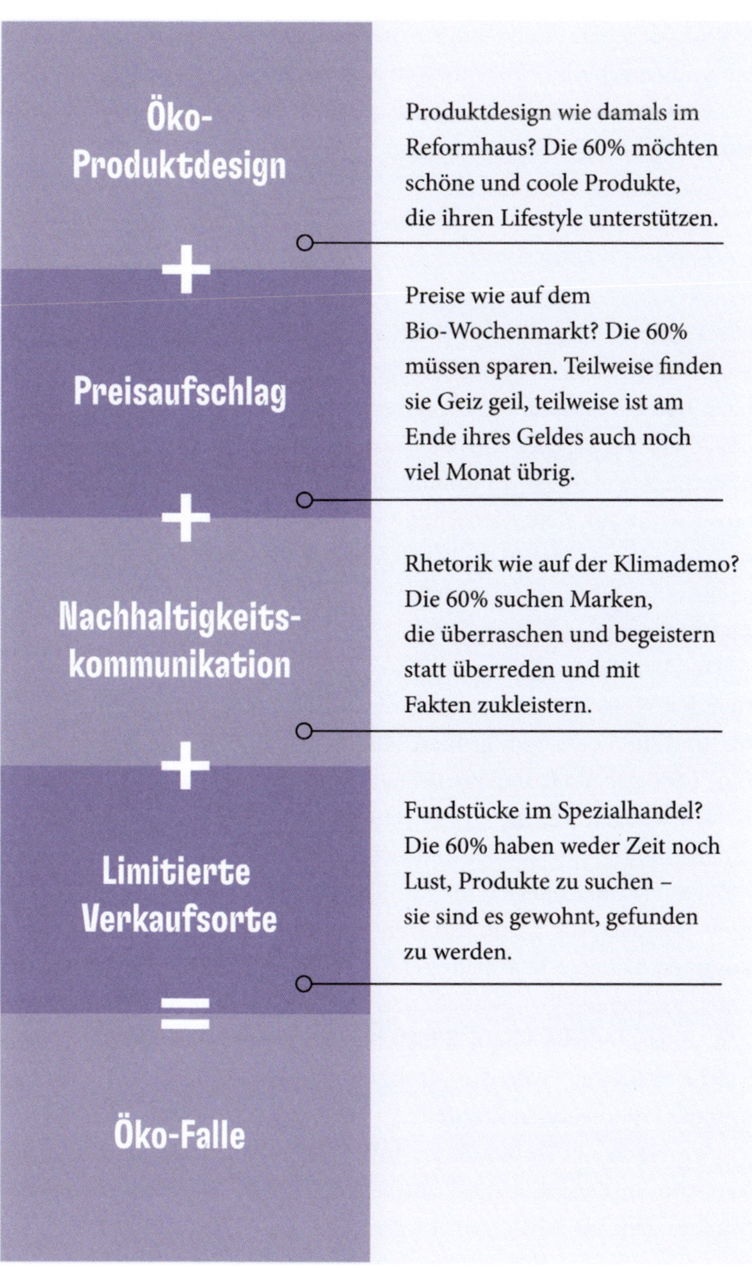

Abbildung 9: Hinweise für die Öko-Falle

le und pauschale Assoziationen helfen dabei, die Flut an Möglichkeiten und Angeboten effizient zu strukturieren. Rot ist wichtig, attraktiv, vielleicht auch gefährlich. Blau ist seriös, zuverlässig, vielleicht auch ein bisschen unterkühlt. Und grün?

Ist Orange das neue Grün?

Die Wirkung eines Werbemittels korrespondiert stark mit der Wirkkraft seiner Farbe. Studien belegen, dass Produktentscheidungen je nach Kategorie bis zu 90% von der Wirkung der Farbe abhängen können.[80] Farben sagen mehr als tausend Worte. Darum kommen ökologische Angebote und Produkte so oft im grünen Kleid daher. Denn Grün wirkt auf viele Menschen naturverbunden und gesund. Würzt man das Ganze dann noch mit entsprechender Symbolik, wie beispielsweise Pflanzenornamenten, Windrädern, bedrohten Tierarten, sagt fast keiner mehr nein dazu.

Der Vorteil der grünen Farbwegweiser: Sie helfen nachhaltig motivierten Konsumt:innen durch den Angebotsdschungel. Typisch dafür sind die Logos von grünen Pionier-Produkten, wie Alverde (von dm) oder der Bio Company. Allein durch die Farbe wird eine gewisse Kategoriezugehörigkeit unmissverständlich angezeigt. So finden Menschen leichter eine schnelle Antwort auf die Frage: Ist dies ein nachhaltiges Produkt oder nicht? Ein Klassiker sind auch die Auftritte der Reformhäuser, die gerne in Grün in Kombination mit Braun daherkommen. Daran erkennt der geneigte Öko-Fan sofort, dass es sich um einen »sicheren« Ort handelt, um den grünen Einkaufszettel abzuhaken. Eine ähnliche Logik findet sich auch bei Nachhaltigkeitslabels, welche oftmals in Grün (für Nachhaltigkeit) oder in Blau (für Reinheit und die Weltmeere) erstrahlen.

Der Nachteil: Durch ihren inflationären Gebrauch hat die Farbe Grün an Orientierungskraft verloren. Vom Tatbestand des Missbrauchs ganz zu schweigen. Und was für die Öko-Fans attraktiv sein mag, kann auf die 60% schon wieder abschreckend wirken.

Aber wie oft sind Konsument:innen wirklich »grün motiviert«, sehnen sich also nach Natur, nach Ruhe und Frieden? Und wie oft ticken

Menschen, vor allem aus der breiten Masse, beim Shopping eher »orange«? Orange steht für Spaß, positive Energie und Stimulation. Auch wenn der Assoziationsraum Grün sehr relevant für viele Menschen ist, ist er kein emotionaler Dauerzustand und auch kein attraktiver Trigger für die 60%. Wenn die Dinge »zu Öko« werden, sind sie Nische und nicht Masse.

Das immergleiche Repetieren einer inflationären Flut von stereotypen grünen Farben und Symbolen ist typisch für die Öko-Falle. Dabei wäre der Flirt mit lauten und kommerziellen Farbwelten beileibe noch kein Untergang des nachhaltigen Abendlandes. Dies erklärt auch die Wahl von unserem Buchcover: Ganz bewusst haben wir uns dazu entschieden, das Buch nicht klassisch in verschiedenen Grüntönen zu gestalten – wie es eigentlich von einem Buch über Nachhaltigkeit zu erwarten gewesen wäre. Stattdessen haben wir uns für knallige Farben entschieden.

Wann immer ein nachhaltiges Produkt in einem grünen/braunen Gewand daherkommt, könnten Sie sich in der Öko-Falle befinden.

Hinweis 2 für die Öko-Falle: Preisaufschlag

Nachhaltige Produkte sind oftmals mit einem Preisaufschlag verbunden. Innerhalb der Blase der Öko-Fans erlaubt einem dies, ein Preispremium zu realisieren. Außerhalb jedoch bringt einen dieser Aufschlag in die Öko-Falle. Denn die 60% ticken da anders.

Zwar gibt ein Großteil der Menschen in deutschsprachigen Ländern an, dass sie bereit seien, mehr für grüne Produkte zu bezahlen. So sagen satte 70% der Befragten, dass sie bis zu 10% mehr bezahlen würden, 15% sogar bis zu 30% mehr und beeindruckende 15% wären sogar willens, noch mehr obendrauf zu legen.[81] Wenn man diese Umfrage also wortwörtlich nehmen würde, dann wären ja alle Menschen bereit, einen zum Teil immensen Aufschlag für die gute grüne Sache zu zahlen. Nur leicht höhere Preise sollten dann doch erst recht kein Hindernis für grünen Konsum darstellen.

Ist das wirklich realistisch? Dass Menschen tatsächlich freiwillig mehr für ein Produkt zahlen, trifft wohl eher in den seltensten Fällen zu. Denn hier liegt der besagte Attitude-Behavior-Gap vor: Die breite Masse findet grüne Produkte zwar sinnvoll, aber wenn es zu teuer wird, nimmt sie ganz schnell wieder Abstand davon. Wann ist es zu teuer? Hier haben die meisten Menschen nur eine sehr kleine Spanne.

In den jüngsten Umfragen ist die Akzeptanz für einen Preisaufschlag wieder abgesunken: So haben im Jahr 2021 noch 39% der Menschen angegeben, dass sie einen Preisaufschlag für Bio-Produkte zahlen würden. Im Jahr 2023 waren es nur noch 35%. Eine Erklärung ist teilweise sicherlich die Inflation. Diese Umfrage zeigt jedoch auch, dass sich ein Teil der Konsument:innen Bio einfach nicht leisten können oder wollen. Der Markt für Bio-Produkte ist also teilweise vielleicht doch beschränkter als gedacht – oder zumindest der Markt, in dem Bio-Produkte mehr kosten können als konventionelle Produkte.[82]

Gen Z – keine Toleranz für einen Aufpreis

Mit Blick auf künftige Käufer:innensegmente ist eine einfache, aber folgenschwere Beobachtung wichtig: Gen Z ist die erste Generation, die in einem Konsumumfeld groß wurde, in dem wirklich nachhaltige Produkte allgegenwärtig kommuniziert und verkauft wurden, und das teilweise zum Kampfpreis. Nachhaltigkeit muss nicht teuer sein – das ist für die Vertreter:innen der Gen Z kein Wunsch, sondern eine alltagspraktische Beobachtung. Frühere Generationen haben gelernt, dass es Nachhaltigkeit nur an exklusiven Orten und zu exklusiven Preisen gibt. Die Bio-Käufer:innen der Gen Z wurden aber nicht im Reformhaus sozialisiert. Sie wurden groß, als einem »Bio« bereits im Angebot hinterhergeworfen wurde und als dm, Aldi oder Lidl ebenso wie diverse Onlineplattformen den Zauber der Exklusivität längst gelichtet hatten. Die Toleranz für Aufpreise geht hier also gegen null.

Wann immer ein nachhaltiges Produkt im Vergleich zu einem ähnlichen konventionellen Produkt mehr kostet, könnten Sie sich in der Öko-Falle befinden.

Hinweis 3 für die Öko-Falle: Rationale Nachhaltigkeitskommunikation

Ökologische Nachhaltigkeit ist verflixt kompliziert, und das muss erklärt werden. Sie kostet oftmals mehr, und das will gut begründet sein. Nachhaltigkeit wird kritisch beobachtet und gehört deshalb klug verteidigt und verhandelt. Und Nachhaltigkeit geht nicht über Nacht, sie ist kein Zustand. sondern ein Weg, und dieser muss gut ausgeleuchtet sein. Kurzum: Es gibt viele gute Gründe, warum man viel, lang, tief und breit über das eigene Nachhaltigkeitsengagement sprechen kann. Aber Hand aufs Herz: Wen interessiert das eigentlich wirklich?

Breite Masse mit schmaler Aufmerksamkeit

Dankbare Zuhörende der nachhaltigen Lehre sind sicherlich die Öko-Fans. Die meisten nachhaltigen Produkte und Werbeclaims sprechen das Kundensegment an, welches bereits von der grünen Transformation überzeugt ist. Dieses baut das Kriterium Nachhaltigkeit auch täglich in sein Kaufverhalten ein. Diese Gruppe kann mit rationalen Argumenten über die Umwelt gewonnen werden, weil sie eine willkommene Unterstützung für ihr bereits vorhandenes Welt- und Selbstbild sind. Sie reagiert auch positiv auf Kommunikation, die Umweltauswirkungen verdeutlicht oder selbst anprangert. Sie suchen nach Argumenten und Beweisen, die die Richtigkeit ihres nachhaltigen Lebens- und Konsumweges belegen. Manchmal suchen sie auch nach Argumenten, um sich vorm nächsten Angriff in der Stammtischrunde zu verteidigen.

Die 60% hingegen wünschen sich zwar bei Befragungen mehr Produktinformationen und Transparenz, doch zum Zeitpunkt des Kaufes schaut nur eine Minderheit wirklich auf das Label oder nimmt sich die Zeit, sich mit den Hintergründen der Einstufungen ernsthaft auseinanderzusetzen. Mehr noch: Die 60% haben Probleme, die angebotenen Nachhaltigkeitsinformationen tatsächlich einordnen und anwenden zu können.

In einer Studie wurden den Teilnehmenden sechs Schreibtische gezeigt und deren Produktspezifikationen erklärt.[83] Einige davon waren aus nachhaltigem Holz hergestellt, andere mit Holz aus bedrohten Tropenwäldern (also nicht nachhaltig). Keine 15 Minuten später konnten die Teilnehmenden oftmals nicht mehr korrekt zuordnen, welcher Tisch nachhaltig ist und welcher nicht. Die Studie zeigt, wie schnell die normalerweise an der Sache Interessierten komplizierte Produktinformationen vergessen oder auch einfach nicht anwenden können.

Um Produktinformationen wirklich zu verstehen, muss ein enormer zeitlicher wie auch kognitiver Aufwand geleistet werden. In einem Alltagsleben, das von Familie und Arbeit geprägt ist, ist dies schwer zu schaffen. Dies könnte theoretisch durch eine höhere Motivation ausgeglichen werden – aber die trifft man eher bei den Öko-Fans als bei den 60% an.

Labels als Speerspitze der rationalen Kommunikation

Eine Praxis über die verschiedenen Industrien hinweg, um rationale Informationen gebündelt zu kommunizieren, sind Labels und Zertifizierungen. Diese sollen den Menschen sozusagen das Licht im Dunkeln anknipsen. Mit einem Blick sollen die Kund:innen erkennen, ob es sich um ein nachhaltiges, grünes Produkt handelt oder nicht. Die Labels wirken jedoch oftmals sehr technisch und sind es ja in vielen Fällen auch tatsächlich. Ihnen liegen häufig anspruchsvolle Modelle und Messmethoden zugrunde. Um sie nicht einfach nur zu glauben, sondern wirklich zu verstehen, muss man sich damit beschäftigen, Hintergrundinformationen einholen oder aufwendige Vergleiche anstellen. Da ist es nicht verwunderlich, dass selbst Nachhaltigkeitsprofis von Labels sehr verwirrt werden.[84] Labels werden zumeist als unübersichtlich und unverständlich wahrgenommen.

Rationale Argumentationsketten entstehen oftmals aus einer Position der gefühlten Schwäche und Rechtfertigung heraus. Man kommt eben aus der Defensive. Getreu dem Motto: Lass uns so über Nachhaltigkeit reden, dass wir möglichst alle Flanken dichtmachen und bloß keinen Treffer kassieren. Aber solche Bedenken sind doch nur bei denjenigen angebracht, die etwas zu verbergen haben. Allen Marken, auf die das nicht zutrifft, kann man nur zurufen: Geht in die Offensive, geht raus aus der Öko-Falle und rein in die kommunikative Offensive. Statt rational Angst zu machen, macht lieber emotional Bock auf Nachhaltigkeit.

Wann immer ein nachhaltiges Produkt rational kommuniziert wird, könnten Sie sich in der Öko-Falle befinden.

Hinweis 4 für die Öko-Falle: Limitierte Verkaufsorte

Können Ihre Kund:innen Sie beim Wocheneinkauf mal eben fix »mit erledigen«, oder müssen sie weite Wege auf sich nehmen? Braucht man einen Kompass, um Sie im Angebotsdschungel zu finden? Dann sind Sie wahrscheinlich in der Öko-Falle. Denn wenn die Motivation gering ist, ist jeder Meter ein Meter zu viel. Die 60% begeistern sich für Extraangebote, aber bestimmt nicht für die Extrameile.

Henne oder Ei

Der Platz im Supermarktregal ist knapp. Hier muss es schnell gehen. Solange eine Produktkategorie aber noch nicht gesichert als massenrelevant gilt, ist es selbst für Giganten wie Unilever schwierig, einen Platz in der ersten Reihe für ihre grünen Neulinge zu finden. Also beginnt man mit Spezialitäten- und Fachgeschäften, die sich über Tiefenkompetenz oder Inspirationskraft definieren. Ist man aber nicht auf den großen Plattformen und dort auch nicht in der ersten Reihe, dann ist es schwierig, massenrelevant zu werden. Denn die 60% suchen nicht gern. Das ist ein Henne-Ei-Problem. Und es lässt sich auf alle Branchen übertragen.

Platziert ein Energieversorgungsunternehmen sein Angebot in einem Preisvergleichsportal, hat es zwei Optionen: Setzt es auf seinen günstigen Normalstrom, den es bereits massenhaft absetzte, oder auf seinen neuen und teureren Ökostrom? Bei Letzterem darf es mit einer Sichtbarkeit weit unten auf der Ergebnisliste rechnen. Doch so weit nach unten scrollt kein Mensch – besonders nicht die 60%. Obwohl gerade der Ökostromtarif die Aufmerksamkeit und Bühne viel dringender bräuchte, um in der breiten Masse populär zu werden, findet man ihn nur auf den zweiten oder dritten Klick – und nicht auf den ersten.

Lanciert ein Autobauer ein Elektroauto, so muss er entscheiden, wo er es in seinem Autocenter platziert und präsentiert. Denn diese sind in der Regel nicht leer. Der junge Elektrische mit ungewissem Absatzpotenzial konkurriert also um Standfläche mit dem seit Jahren etablierten Verbrenner. Was soll die geneigte Neukundschaft zuerst sehen? Apropos Autohaus: Sind das nicht diese Fertigteilbauten hinten rechts im Gewerbegebiet? Da kommt man nur vorbei, wenn man will oder muss. Nicht umsonst setzen viele junge Automarken auf stylische Boutique-Präsenzen in der Innenstadt – und sind damit viel näher dran an den 60%.

Black Friday: Fluch oder Segen?

Mit einem Bein in der Öko-Falle stehen auch alle Marktteilnehmenden, die mit den grundsätzlichen Spielregeln des Marktes hadern. Natürlich kann man Werbung und Promotion oder Vertrieb und E-Commerce als die rechte und die linke Hand des kommerziellen Teufels verurteilen, der nicht nachhaltige und fehlgeleitete Konsumpraktiken antreibt. Diese Bedenken sind selbstverständlich berechtigt. Konsumtage, wie zum Beispiel der jährliche Black Friday, tragen sicherlich nicht zu einer positiven Ökobilanz bei.

Aber: Wer nicht da saß, der nicht mit aß! Hier sind die 60%! Und sie werden auch die nächsten Jahre immer wieder auf den Black Friday warten und ihn mit offenen Armen empfangen. Man kann sich vom Black Friday fernhalten, aber dann muss man andere Wege finden, die breite Masse für sich zu erreichen. Konzepte wie der Green Friday sind hierbei eher etwas für die Öko-Fans als für die 60%. Um an die Masse zu verkaufen, muss man massenhaft vorhanden sein, sich anbieten und nah sein. Und dies heißt, auch auf Google präsent zu sein – auch wenn man Google als Epitome der digitalen Konsumgesellschaft beschreiben könnte.

Wann immer ein nachhaltiges Produkt im Vergleich zu einem ähnlichen Produkt komplizierter und aufwendiger zu besorgen ist, könnten Sie sich in der Öko-Falle befinden.

Die grüne Pionierin Weleda befreit sich aus der Öko-Falle

Weleda ist eine Pionierin in der Naturkosmetik. Seit 1921 entwickelt Weleda, mit Hauptsitz in Arlesheim bei Basel, Schweiz, hervorragende anthroposophische Arznei- und Körperpflegemittel. Die pflanzlichen Rohstoffe stammen größtenteils aus dem hauseigenen und circa 20 Hektar großen Demeter-zertifizierten Heilpflanzengarten in Schwäbisch Gmünd, der biologisch-dynamisch bewirtschaftet wird. Im Kern von Weleda steht besonders der enge Bezug zur Natur. Auf ihrer Webseite kann sich die Gruppe der Öko-Fans auch ausgiebig über die Philosophie, die Inhaltsstoffe und die Zertifizierungen von Weleda informieren. Alles in allem hat Weleda eine starke Marke und trifft mit der Naturkosmetik den Geist der Zeit.

Aber: Naturkosmetik hat es in die Regale der deutschen Discounter geschafft. Der weltweite Markt für Naturkosmetik wächst.[85] Sie scheint also reif und relevant für die breite Masse, das heißt für unsere 60%, zu sein. Jedoch ist der Umsatz von Weleda im Jahr 2022 mit Naturkosmetik weltweit leicht zurückgegangen.[86]

Was geht hier also schief? Mit der Öko-Falle bieten wir einen möglichen Erklärungsansatz: Den stark wachsenden Markt holen sich andere Anbieter, beispielsweise die Eigenmarken der Discounter, wie Alterra von Rossmann oder Alverde, Deutschlands meistverkaufte zertifizierte Naturkosmetikmarke aus dem Hause dm. Oder hippe Start-ups aus Berlin. Denn die breite Masse interessiert sich zwar für Naturkosmetik, sie muss aber auch zu ihrem Lifestyle und ihrem Geldbeutel passen. Discounter wie Aldi verbinden hier ökologische Nachhaltigkeit mit Bezahlbarkeit – und damit sind sie raus aus der Öko-Falle und relevant für die 60%.

Weleda tut sich schwer, den Sprung in die Masse mitzugehen. So ruht zum Beispiel das Markenlogo seit Jahren fast unverändert und ist sehr beständig. Die Kommunikationswelt ist sehr grün und setzt den gängigen Werbewelten der Branche wenig Alleinstellungsmerkmale entgegen. Die philanthropische Gesinnung wird in den Kreisen der Öko-Fans gefeiert, für die breite Masse ist sie jedoch schwer verständlich oder löst teilweise Unverständnis aus. Zudem kommen viele ihrer Produkte mit einem spürbaren Preispremium und erscheinen auf dem Regal selbst neben anderer Naturkosmetik noch recht teuer. Kommuniziert wird stark das Attribut Naturkosmetik und andere löbliche nachhaltige Errungenschaften von Weleda. Zwar ist Weleda in vielen Geschäften in Deutschland anzutreffen, doch einen eigenen im Ausbau befindlichen Onlineshop gibt es erst seit Kurzem.

Der neue CMO Lars Zirpins bringt seinen Plan für das Entkommen Weledas aus der Öko-Falle in einer Vorlesung der Universität St. Gallen so auf den Punkt: »Wir müssen den alten vermeintlichen Widerspruch aushebeln, laut dem sich Nachhaltigkeit und Kommerzialität wechselseitig ausschließen.« Er spielt damit auf das Dilemma der Nichtskalierbarkeit wahrhaft nachhaltiger Geschäftsmodelle an. Der Weg zu diesem Ziel liegt auch klar vor ihm: »Den Kunden in der breiten Masse interessiert nicht, wie wir das gemacht haben, sondern zunächst vor allem, was sie oder er damit machen kann. Der Vorteil für den Kunden, zum Beispiel keine Falten mehr, muss im Vordergrund stehen. Dann kommt der Rest.«

Native oder Immigrant – beide sitzen in der Öko-Falle

Sustainable Natives (das heißt Marken, die mit einer grünen DNA gestartet sind) befinden sich besonders oft in der Öko-Falle, denn aus der Nische kommend suchen sie jetzt den Zutritt in den Mainstream. Sie sind nur durch die Loyalität und den Support der Öko-Fans groß geworden. Die Markt- und Kommunikationstrends der ökologischen

Fans haben sie geprägt. Der Markt wächst zwar, aber seine Schöpfer hängen in der Öko-Falle fest.

Die Öffnung für den Massenmarkt ist für viele ein Drahtseilakt zwischen Vernunft und Verrat. Natürlich ist es für das eigene Unternehmen wie auch die grüne Sache an sich gut und vernünftig, wenn man die breite Masse zu nachhaltigen Konsumalternativen konvertieren kann. Aber das bedeutet auch eine Abkehr vom alten Weg und das Eingehen von Kompromissen.

Man könnte es ja auch mal so sehen: Rewe, Aldi und Co haben nachhaltige Produktalternativen auf den Einkaufszetteln der 60% nicht nur salonfähig, sondern populär gemacht. Sie haben aktiv geholfen, ein neues Marktsegment aufzubohren.

Doch warum drehen die Pioniere den Spieß nun nicht einfach um? Warum schalten sie nicht auf »Massen-Marketing«? Weniger Ratio, mehr Emotion und Lifestyle, und alles wäre in veganer Butter. Unsere Ermutigung dafür: Die 60% ticken komplett anders als die Öko-Fans. Das heißt, wenn sie das Ziel sind, dann muss der Marketingmix auch anders ausgerichtet werden.

Die Öko-Falle ist aber nicht nur ein Problem der Sustainable Natives, also der vergleichsweise jungen Marktteilnehmer, die Nachhaltigkeit in ihren Geschäftsmodellen und ihrer Gründungsidee fest verankert haben. Auch die Sustainable Immigrants (das heißt Marken, die mit einer konventionellen DNA gestartet sind), also bereits lange etablierte Unternehmen mit entsprechender Historie und ohne nachhaltige Hauptwurzel, die sich ernsthaft auf den Weg der nachhaltigen Transformation begeben haben, können in der Öko-Falle feststecken.

Die Rede ist von den großen Markenartiklern sowie den etablierten Handelsmarken, also den echten 60%-Profis. Für sie sind in der Regel ebenso die Öko-Fans wichtige erste Kund:innen. Und auf diese ist oftmals der Marketingmix ausgerichtet. Der ganze Marken- und Vertriebs-Habitus sowie der Look & Feel ihrer nachhaltigen Produktlinien sind im Kern nischenoptimiert. Denn gerade am Anfang geht Kredibilität über Kommerzialität. So kamen die ersten nachhaltigen Produktlinien bekannter Fashion-Ketten wie Zalando oder H&M oftmals demonstrativ mit Produkthängern in brauner Recyclingpapieroptik daher. Viele Angebote im Bereich erneuerbarer Energien der großen Marktteilnehmenden wie Vattenfall oder E.ON strotzten am Anfang vor austauschbaren Bildstereotypen wie zum Beispiel Windrädern. Auch sie hängen daher in der Öko-Falle.

Im Gegensatz zu den Natives haben die Sustainable Immigrants aber für gewöhnlich eine geballte Kompetenz im Bereich Mainstream-Marketing. Warum sie diese nicht immer ausspielen? Wieso sie nicht den Marketingmix so umstellen, dass er wirklich für die 60% attraktiv ist? Die Gleichung hierfür wäre recht einfach:

Attraktives Produkt
+ akzeptables Preisniveau
+ emotionale Kommunikation
+ komfortables Shoppingerlebnis
= attraktiv für die 60%

Diese Formel liest sich auf den ersten Blick recht simpel. Die Realität ist jedoch um einiges komplexer, wie wir in den folgenden Kapiteln aufzeigen.

Interviews mit Marketing-verantwortlichen – das 60%-Potenzial besser verstehen

Bis hierhin haben wir das 60%-Potenzial vor allem stark durch die Brille wissenschaftlicher Insights und Marktforschungsstudien betrachtet. Lassen Sie uns jetzt einen Blick in die Praxis werfen. Dazu haben wir zehn Interviews mit Marketingverantwortlichen aus dem deutschsprachigen Raum geführt, um unser 60%-Potenzial besser zu verstehen und vor allem anwendungsorientierte Handlungsempfehlungen zu erarbeiten. Dies ist die Grundlage für die folgenden Kapitel.

Damit wir das 60%-Potenzial möglichst universal verstehen, haben wir unsere Interviewpartner:innen über verschiedene Industrien hinweg ausgewählt. Zudem haben wir darauf geachtet, dass wir die Sichtweisen der grünen Pioniere (zum Beispiel Weleda) ebenso einfangen wie die der sich wandelnden Konzerne (zum Beispiel Vattenfall), um das 60%-Potenzial möglichst gut auch für verschiedene Marktpositionen und Reifegrade zu begreifen. Wir hoffen, dass durch diese Balance sowohl große Konzerne als auch kleinere Start-ups ihren Mehrwert aus den nun folgenden Seiten ziehen können.

Industrie & Branche	Interviewpartner:in und Stellenbezeichnung*	Unternehmen und kurze Beschreibung
Drogeriehandel	Kerstin Erbe, Geschäftsführerin, verantwortlich für das Ressort Produktmanagement und Nachhaltigkeit	dm – Deutschlands beliebtester Drogeriemarkt
Kosmetik und Pharma	Lars Zirpins, Chief Marketing Officer	Weleda – weltweit führende Pionierin zertifizierter Naturkosmetik und anthroposophischer Arzneimittel
Energie	Jens Osterloh, Director Marketing Communication	Vattenfall – eines der führenden Energieunternehmen in Deutschland

Logistik	Rüdiger Vetter, VP Global Marketing	DB Schenker - weltweit führender Logistikdienstleister
Outdoor-Bekleidung und -Ausrüstung	Manfred Meindl, Leitung Marketing	Vaude - führender deutscher Produzent von Outdoorbekleidung und -ausrüstung
Einzelhandel	Nadine Hess, Chief Marketing Officer	Migros - einer der größten Einzelhändler der Schweiz
Onlineplattform	Iskra Velichkova, Head of Brand	Kleinanzeigen - größtes Online-Kleinanzeigenportal in Deutschland
Glas- und Materialindustrie	Jonas Spitra, Head of Sustainability Communications	SCHOTT - internationaler Technologiekonzern für die Herstellung von Materialien wie Spezialglas, Glaskeramik und Polymer
FMCG-Hersteller	Christiane Haasis, Co-CMO und Head of Icecream DACHBNX	Unilever - internationaler Hersteller von Verbrauchsgütern wie Nahrungsmittel, Kosmetika, Körperpflege- sowie Haushalts- und Textilpflegeprodukte
FMCG-Hersteller	Angela Nelissen, Co-CMO und Head of Icecream DACHBNX	Unilever - internationaler Hersteller von Verbrauchsgütern wie Nahrungsmittel, Kosmetika, Körperpflege- sowie Haushalts- und Textilpflegeprodukte

Tabelle 3: Übersicht der Interviewteilnehmenden

* zur Zeit des Interviews

Kerstin Erbe (Geschäftsführerin bei dm):

»CMOS müssen Themen vordenken und diese in einer einfachen Form gestalten, die normale Menschen verstehen und bei der sie mitgehen können.«

Lars Zirpins (CMO bei Weleda):

»Marketing muss die grüne Transformation anführen.«

Jens Osterloh (Director Marketing Communication bei Vattenfall):

»Es braucht in der nachhaltigen Transformation intern immer eine Energiequelle, um die Sache ins Rollen zu bringen. Die Energie von außen nach innen zu übersetzen und das Thema damit zu treiben – das ist unsere Aufgabe!«

Rüdiger Vetter (CMO & VP Global Marketing bei DB Schenker):

»CMOs sind die natürlichen Anführer für die interne grüne Transformation, weil sie Zugang ins Board haben und dort parkettsicher ist. Denn die erfolgreiche Arbeit mit Boards wird zum kritischen Faktor.«

Manfred Meindl (Leitung Marketing bei Vaude):

»Grüne Themen und Influencer funktionieren nicht für die breite Masse. Oftmals müssen wir den Innovator:innen im Haus den Spiegel vorhalten und zeigen, dass die grüne Bubble nicht das Ende der Welt ist.«

Nadine Hess (CMO bei Migros):

»Die wenigsten sind rein altruistisch eingestellt. ›What's in it for me?‹ ist die Fragestellung der breiten Masse. Wenn der persönliche Benefit nicht stimmt, wird es für nachhaltige Produkte schwierig.«

Iskra Velichkova (Head of Brand bei Kleinanzeigen):

»Das müssen die CMOs ihren CEOs aufzeigen: Das Geld geht in Richtung Nachhaltigkeit. Staaten bewegen sich dauerhaft dahin und private Investoren schichten um. Und das muss man als CMO hart belegen können.«

Jonas Spitra (Head of Sustainability Communications bei SCHOTT):

»Nachhaltigkeit hat ein Sexyness-Problem. Nachhaltigkeit wirkt erstmal nicht geil. Es bedeutet Arbeit, Stress und Komplexität. Das gilt im Unternehmen genauso wie außerhalb.«

Christiane Haasis (Co-CMO und Head of Icecream DACHBNX Unilever):

»We need to democratize it! Ein:e CMO muss strategische:r Beschleuniger:in sein, um Nachhaltigkeit raus aus der Nische zu tragen, und zwar in dem Bewusstsein, dass es nicht über Nacht geht. Man muss das wirklich wollen, und das Erreichen dauert Jahre.«

Angela Nelissen (Co-CMO und Head of Icecream DACHBNX Unilever):

»Der Schritt in die breite Masse muss kommen, aber die Produkte müssen genauso super schmecken, nicht mehr kosten, überall verfügbar sein und keinen Verzicht darstellen. Es muss ein bezahlbarer Traum von einer besseren Welt sein.«

Kapitel 5

Das 60%-Potenzial realisieren – die Demokratisierung von grünem Konsum für Umsatz und Umwelt

Wenn wir von den 60% sprechen, dann reden wir eigentlich von der Demokratisierung des grünen Konsums. Das heißt, grüner Konsum ist nicht nur etwas für die Öko-Fans in der Nische, sondern eben auch etwas für die breite Masse. Wir verstehen also hier unter Demokratisierung die Ausweitung von grünem Konsum in Teile der Gesellschaft, in denen er vormals nicht stark verbreitet war. Wie das gehen soll?

Man kann sich das anhand eines betriebswirtschaftlichen Modells verdeutlichen, entwickelt von Everett Rogers im Jahr 1962[87]: Das Modell der Diffusion zielt darauf ab, zu erklären, wie neue Ideen, Produkte oder Technologien im Laufe der Zeit durch eine Bevölkerung angenommen und in ihr verbreitet werden. Das Modell wird in Bereichen wie Marketing, Soziologie, Kommunikation und öffentliche Gesundheit weit verbreitet eingesetzt, um die Annahme und Akzeptanz von Innovationen zu verstehen. In diesem Modell werden Menschen in unterschiedliche Gruppen eingeteilt, nämlich als Erstes die Innovator:innen, dann die frühen Anwender:innen, gefolgt von der frühen und der späten Mehrheit und schließlich den Nachzügler:innen.

Eine ähnliche Logik kann man sich auch für grünen Konsum vorstellen, wo wir mit dem Begriff der Öko-Fans die immens wichtigen frühphasigen Gruppen finden, also die Innovator:innen und die frühen Anwender:innen. Viele Unternehmen haben genau für diese Gruppen Produkte entwickelt, designt und vermarktet. Ein populäres Beispiel hierfür ist die Eiscreme-Marke Ben & Jerry's. Gestartet ist sie im Flower-Power-Ökoproduktdesign, zu einem eher hohen Preis. Kommuniziert wurde sie vor allem über soziales Nachhaltigkeitsengagement, und kaufbar war sie nur in ausgewählten Läden. Alles in allem war das Produkt sehr nischig und auch wirklich sehr eng zugeschnitten.

Wie kommt man jetzt in die 60%? Die 60% zu realisieren würde also heißen, nicht nur die Innovator:innen und die frühen Anwender:innen für grünen Konsum zu gewinnen, sondern laut Rogers im nächsten Schritt nun die sogenannte frühe und späte Mehrheit. Das bedeutet konkret, den Schritt von einer engen, spitzen Zielgruppe hin zu in einer großen, breiten Zielgruppe zu meistern.

Letzten Endes muss das auch heißen, eine gewisse Marktmaturität zu erreichen. Oder in den Claims von Burger King in Österreich beispielhaft ausgedrückt: »Normal oder mit Fleisch?« Dieser Claim suggeriert, dass ein Burger ohne Fleisch die neue Maturität, sprich das »neue Normal« ist. Burger King Österreich hat dies auch konsequent in einer Kampagne zu Ende gedacht:

Normal oder mit Fleisch?

Burger King hat, wie Sie vielleicht schon einmal gemerkt haben, keine explizite Frühstückskarte. Trotzdem ist es in bestimmten Kreisen eine sehr beliebte Frühstücksadresse: bei körperlich hart arbeitenden Bau- und Montagearbeiter:innen und Handwerker:innen. Die bestellen sich um 11:00 Uhr dann durchaus und wohlverdient ein Whopper-Menü zum zweiten Frühstück. Was glauben Sie, wie sie gestaunt haben, als eines Morgens ihre Whopper-Bestellung mit der freundlichen Frage retourniert wurde: »Normal oder mit Fleisch?«

Sie haben richtig gelesen! Die Frage lautete nicht: »Normal oder vegan?« Hier wurde die Welt vieler eingefleischter Karnivor:innen lässig auf den Kopf gestellt und das Ernährungsbild gleich mit: Nicht Fleisch ist normal, sondern die umweltfreundliche pflanzenbasierte Alternative. Wer also keinen »fleischlichen« Sonderwunsch äußerte, bekam einen Burger auf pflanzlicher Basis serviert. Und wer die beliebten Gerichte mit Fleisch essen wollte, musste dies explizit dazusagen. Der Traum eines jeden nachhaltigen Zukunftsforschungsteams ist für einen beschränkten Aktionszeitraum in allen teilnehmenden Burger-King-Filialen in Österreich wahr geworden. Plant-based war das »neue Normal«, Fleisch die zu begründende Ausnahme. Nicht andersherum.

In diesen Wochen haben die Burger-King-Mitarbeitenden sicherlich in viele fragende Gesichter geschaut. Irritation als Kommunikation, als charmante kognitive Zwangsjacke, aus der man für ein paar Sekunden nicht wieder rauskam. Zeit genug, den Mauern der kognitiven Dissonanz, der pauschalen »Für mich ist das nichts!«-Ausflüchte zu entkommen. Für den Bruchteil eines Moments war man im Relevant-Set von Menschen, die normalerweise und aus freien Stücken nie auf die Idee gekommen wären, plant-based auch nur in Erwägung zu ziehen. Und selbst wenn sich letztlich viele Gäste dann doch für nicht normal, also Fleisch entschieden haben, haben sie zumindest mal darüber nachgedacht. Und sicherlich hat der eine und die andere der Sache so auch eine Chance gegeben. So kommt man an die 60%, auch wenn dies leider nur in einem beschränkten Aktionszeitraum umgesetzt wurde.

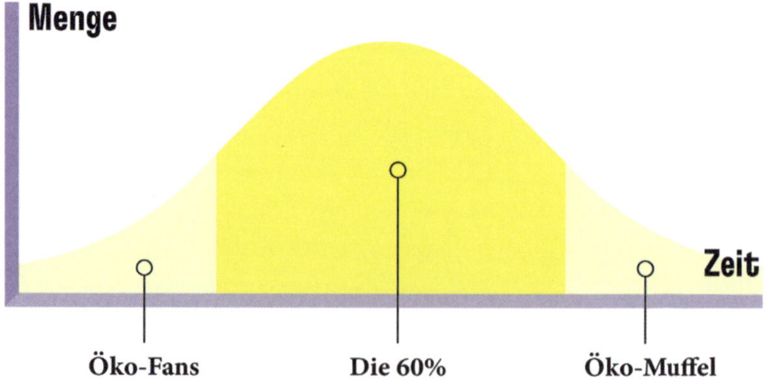

Abbildung 10: Die Diffusion von grünem Konsum

Wieso ist diese Demokratisierung, diese Marktmaturität, das Gewinnen der frühen und späten Masse – das 60%-Potenzial – so wichtig? Wir argumentieren, dass eben genau dadurch ein Mehrwert für Umsatz und Umwelt generiert werden kann. Steht da ein »und« zwischen Umsatz und Umwelt? Genau diese beiden Begriffe waren bislang recht schwer zu verbinden, das ist richtig. Aber das 60%-Potenzial besteht genau darin, Umsatz und Umwelt gleichzeitig zu bespielen.

Die Grenzen des 3-P-Modells: Umsatz versus Umwelt

In der Unternehmenswelt hat das 3-P-Modell zum Umdenken angeregt. Dieses Modell, auch bekannt als Triple-Bottom-Line[88], besteht aus drei Säulen: *Profit* (Gewinn), *People* (Menschen) und *Planet*. Es handelt sich um einen Rahmen, den Unternehmen und Organisationen verwenden, um ihre Leistung nicht nur in finanzieller Hinsicht (*Profit*), sondern auch in Bezug auf soziale Verantwortung (*People*) und Umweltschutz (*Planet*) zu bewerten. Dieser ganzheitliche Ansatz ermutigt Unternehmen, die Auswirkungen ihrer Handlungen auf die Gesellschaft und die Umwelt neben ihren finanziellen Zielen gleichberechtigt zu berücksichtigen.

In der Theorie trifft dieses Modell den Nagel auf den Kopf: Wirtschaften und unsere Umwelt müssen vereinbar sein. Unternehmen sollen somit nicht mehr nur auf ihren Gewinn und ihren Umsatz schauen, sondern eben auch auf das Klima und den Menschen.

Was in der Theorie gut und schlüssig klingt, ist in der Praxis jedoch nicht immer so leicht umsetzbar, denn plakativ gesagt: Umsatz und Umwelt stehen häufig in einem Gegensatz zueinander. So kann zum Beispiel heute mit konventionellen Produkten oftmals noch mehr verdient werden als mit nachhaltigen, weil sie günstiger in der Herstellung sind, denn ethische und ökologische Nachteile werden hier billigend in Kauf genommen und sind nicht mit eingepreist. Die Inklusion der Umweltfolgekosten würde hier zu deutlich höheren Abgabepreisen führen, aber die höheren Preise für nachhaltige Businessmodelle will die breite Masse dann doch nicht zahlen. Die höheren Kosten für eine soziale wie ökologisch einwandfreie Herstellung und Distribution von Waren und Dienstleistungen können also nicht einfach weitergegeben werden. Oder es treffen kurzfristige Manager:innenboni auf langfristige, generationsübergreifende Klimaziele. Kein Wunder, dass dies in den meisten Fällen nicht gut für die Umwelt ausgeht.

Schlicht und einfach gesagt: Das Businessmodell für nachhaltige Produkte funktioniert heutzutage leider oftmals noch nicht. Deshalb entscheiden sich einige Unternehmen gegen nachhaltige Geschäftsmodelle und halten an den konventionellen fest. Auch wenn sie wissen, dass dies langfristig keine Lösung ist.

Wie kann man Umsatz und Umwelt miteinander verbinden?

Um Umsatz und Umwelt zu vereinbaren, bietet das 60%-Potenzial einen Ansatz. Mit dem 60%-Potenzial kann ein weiterer Schritt in der grünen Transformation gegangen werden, auch wenn es bei Weitem keine endgültige Lösung darstellt.

Auf der einen Seite erlaubt es das 60%-Potenzial, über Skaleneffekte und einen viel größeren Markt – denn es geht ja nun mal um die breite Masse – einen ganz anderen Hebel auf die Kosten und den Umsatz und somit den Gewinn zu haben.

Auf der anderen Seite bietet das 60%-Potenzial auch wirklich einen Hebel für die Umwelt, weil es nachhaltigen Konsumalternativen zum Durchbruch verhilft. Was wäre, wenn sich der Großteil der Menschen wirklich öfter für das grüne Konsumpendant entscheiden würde? Selbst wenn dies nicht immer, sondern einfach nur doppelt so häufig wie heute der Fall wäre. Dies bietet offensichtlich einen bedeutend größeren Hebel für die Umwelt an, als die Konsumfrequenz grüner Produkte in der kleinen Gruppe der Öko-Fans von »häufig« auf »sehr häufig« zu schrauben.

Die Welt durch Massenkonsum retten. – Ist das nicht ein Widerspruch in sich? Ja, irgendwie schon. Der nachhaltigste Konsum ist gar kein Konsum. Dieses Buch übt aber keine Kritik an der Konsumgesellschaft. Denn um die Irrungen dieses fehlgeleiteten Wertekanons zu entwirren, werden wir Generationen brauchen. Und diese Zeit haben wir nicht. Die Autor:innen dieses Buches sind im System und glauben, damit etwas verändern zu können. Und zwar wirksam und unmittelbar im Hier und Jetzt.

Mit dem 60%-Potenzial könnte man also sozusagen zwei Fliegen mit einer Klappe schlagen: Umsatz *und* Umwelt. Oder wie es Manfred Meindl, Leitung Marketing bei der Outdoorfirma Vaude formuliert:

> *»Du musst in die 60% rein, weil du zum einen nur damit die Firma am Laufen hältst und weil du zum anderen den viel größeren Hebel auf nachhaltigen Konsum hast.«*

Und Vaude muss es wissen, denn die Gewinnerin des Deutschen Nachhaltigkeitspreises ist ein Paradebeispiel dafür, Umsatz und Umwelt gleichzeitig erfolgreich zu entwickeln. Das Unternehmen hat es geschafft, alle CO_2-Emissionen in nur einem Jahr, nämlich von 2021 auf 2022, um 5% zu senken. Das ist der Hebel für die Umwelt. Aber auch der Umsatzhebel zeigte sich, denn in dem gleichen Zeitraum verbuchte dieser eine Steigerung um 13%.[89]

In der Überzeugung dieses Buches geht das vermeintlich Unvereinbare also Hand in Hand. Umsatz und Umwelt parallel zu hebeln, das ist der wahrhaft große Raum, der sich mit einer konsequenten strategischen Ausrichtung auf das 60%-Potenzial für Unternehmen erschließt. Beides miteinander zu verbinden, ist die entscheidende Prämisse.

Interessant dabei ist, dass diese vermeintliche Unvereinbarkeit oder gar der wechselseitige Ausschluss von Umsatz- und Umwelthebel keine Einbahnstraße ist. Manche Unternehmen kämpfen mit der Herausforderung, traditionell umsatzgetrieben zu sein und darum sehr kurzfristig zu denken. Die Kapitalisierung von Umweltmaßnahmen braucht aber viel mehr Zeit. Hier steht der Umsatz der Umwelt im Weg.

Es geht aber auch andersherum. Manche Unternehmen sind traditionell umweltgetrieben und stehen nun vor der Herausforderung, wirtschaftliches und kommerzielles Denken in ihre Entscheidungen gleichberechtigt zu integrieren. Der ehemalige Beiersdorf-Manager Zirpins und seit Kurzem neuer CMO von Weleda bringt es so auf den Punkt:

»Wir müssen dafür sorgen, dass das Aufrechterhalten hoher Umwelt- und Ethikstandards einer erfolgreichen Kommerzialität nicht grundlos im Weg steht.«

Die 60% – der Umsatzhebel

In anderen Worten ist der Umsatzhebel einfach ein riesiges Marktpotenzial. Die Erschließung der 60% würde es vielen Unternehmen ermöglichen, endlich mit Nachhaltigkeit Geld zu verdienen.

Viele Unternehmen machen zu wenig Umsatz mit nachhaltigen Produkten – einfach deswegen, weil zu wenige Menschen diese Produkte kaufen. Oder weil die Kosten so hoch sind und sich dann wiederum nur wenige Menschen diese Produkte zu den entsprechenden Preisen leisten können.

Unser 60%-Potenzial bietet einen enormen Umsatzhebel an. So gehen Prognosen im Fahrzeugbereich davon aus, dass 2030 zwei von drei Neuzulassungen vollelektrisch fahren werden.[90]

Selbst Rolls-Royce – ein vollkommen nicht nachhaltiger Autohersteller – setzt mit seinem Spectre auf den vollelektrischen Antrieb und damit aktiv auf den wachsenden E-Auto-Markt. Und das Bundesministerium für Ernährung und Landwirtschaft strebt für die ökologische Land- und Lebensmittelwirtschaft bis 2030 einen Anteil von 30% am Gesamtmarkt an.[91]

Es herrscht überall eine regelrechte Gröngräberstimmung. Und natürlich gibt es bereits eine Reihe von Unternehmen, die erfolgreich danach geschürft haben. So hat zum Beispiel Rügenwalder Mühle vor Kurzem verkündet, ihren Dauerbrenner, die Schinken Spicker, nur noch vegan und nicht mehr aus Fleisch anzubieten. Bisher konnte man jahrelang beide Varianten im Supermarkt erwerben.[92]

Ist dies jetzt eine nachhaltige Überzeugungstat des niedersächsischen Lebensmittelbetriebes? Opfern sie ihren Umsatz für die Nachhaltigkeit? Auch wenn keine offiziellen Zahlen vorliegen, würden wir das Ganze wohl eher andersherum erklären: Rügenwalder Mühle hat es geschafft, mit den veganen Schinken Spicker das 60%-Potenzial anzusprechen, und auf das vegane Produkt haben sie bestimmt keine schlechtere Marge. Sie haben damit also das 60%-Potenzial gesehen, verstanden und realisiert.

Nachhaltigkeit darf kein Spaß-Projekt sein, sondern es müssen schwarze Zahlen dahinterstehen. Die Zeiten, in denen nachhaltige Initiativen ohne konkrete Ziele und ohne KPIs angeregt wurden, sind vorbei. Es geht mittlerweile knallhart um das Business, um den Gewinn.

So bringt es auch Jens Osterloh (Director Marketing Communication bei Vattenfall) auf den Punkt:

> *»Es geht immer um Marge und Ebit – alles muss einen Case haben. Darum haben wir bei uns nicht einfach eine Nachhaltigkeitsstrategie. Wir haben eine Businessstrategie, und die ist nachhaltig.«*

Lars Zirpins (CMO Weleda) sieht hier ebenfalls den großen Hebel und die besondere Rolle des CMOs:

> *»Der CMO muss den alten vermeintlichen Widerspruch aushebeln, laut dem sich Nachhaltigkeit und Kommerzialität wechselseitig ausschließen. Nachfrage generieren ist die Schlüsselaufgabe des CMOs und dies gilt auch für grüne Produkte.«*

Die Währung für Unternehmen ist immer noch die gleiche: Umsatz und Gewinn. Mit dem 60%-Potenzial kommt man besser an diese Geschäftszahlen heran. Denn eigentlich ist der Markt größer als gedacht (Stichwort: 60%). Man muss ihn nur erschließen und auch richtig ansprechen. Zuerst geht es darum, sich dessen bewusst zu werden, und dann, die richtigen Knöpfe und Hebel zu bedienen.

UMSATZ

Abbildung 11: Die zwei Hebel des 60%-Potenzials: Umsatz und Umwelt

UMWELT

Die 60% – der Umwelthebel

Nicht weniger klein fällt der Hebel für die Umwelt aus: Was würde denn passieren, wenn sich ein Großteil der Kundschaft über Nacht plötzlich nachhaltig verhalten würde? Allein durch die schiere Masse der 60% ergeben sich hier gigantische Potenziale für die Umwelt.

So ist die CO_2-Bilanz eines pflanzlichen Burgers aus Sojaprotein etwa 8-mal besser als die eines Pattys mit Rinderhack.[93] Im Patty-Vergleich zwischen Soja und Rindfleisch steht es 55 zu 450 Gramm CO_2-Äquivalente. Es besteht also ein Unterschied von fast 400 Gramm. Das klingt nicht viel, ist aber mit Blick auf den Hebel der breiten Masse enorm. So freut sich McDonald's Deutschland zum Beispiel über 1,5 Millionen Besucher:innen pro Tag. Ein großer Anteil davon dürfte zu unseren 60% gehören. Würden nur zwei Drittel, also 1 Million dieser Besucher:innen, statt des Rinderhacks den Soja-Patty wählen, ergäbe sich eine Einsparung von 400 Tonnen. Am Tag! Das sind nach 365 Tagen dann rund 146000 Tonnen Einsparung. Von den 53 Millionen Tonnen deutscher Gesamtemissionen im Ernährungs- und Landwirtschaftssektor im Jahr 2022[94] würde man allein nur damit bereits 0,3% sparen. Nicht schlecht, oder?

Oder nehmen wir zum Beispiel die Elektrifizierungsziele der Bundesregierung: mindestens 15 Millionen vollelektrische Pkw bis 2030. Werden diese erreicht, würde eine E-Auto-Flotte von 15 Millionen Fahrzeugen circa 36 Millionen Tonnen CO_2 einsparen, im Vergleich zur gleichen Anzahl von Verbrennern, sofern der Fahrstrom aus erneuerbaren Energien stammt.[95] Das entspricht bei einem derzeitigen rechnerischen Pro-Kopf-Ausstoß von circa 8,1 Tonnen[96] ungefähr der Jahresbilanz von 4,4 Millionen Deutschen. Die 60% in ihrer schieren Masse stellen wirklich einen enormen Umwelthebel dar.

Dieser Umwelthebel wird bereits heute schon umgesetzt: So veganisiert beispielsweise Unilever seinen absoluten Volumenrenner im Eissegment, »Cremissimo Bourbon Vanille«. Das ist eine Geschmacksrichtung, die in der Hitparade der breiten Masse der Deutschen ganz oben mitspielt. Die CO_2-Ersparnis zur milchbasierten Variante ist dabei wesentlich.

Ein anderes Unternehmen, das seinen Hebel für die Umwelt nutzt, ist aktuell Burger King – der Inbegriff des gegrillten Rinderpattys auf dem Holzkohlegrill. Wer hätte das gedacht? Hier ist bereits bis auf minimale Ausnahmen das komplette Portfolio auch pflanzenbasiert und in Teilen veganisiert vorhanden. Die fleischfreien Alternativen werden nicht verschämt in der Ecke, sondern gleichberechtigt in der Primetime beworben. Seit März 2024 bringt sogar ein obligatorischer Preisvorteil alle Nicht-Fleisch-Produkte in die Pole Position. Die Nummer zwei der deutschen Fast-Food-Ketten trägt damit die Fackel der pflanzenbasierten Ernährung tief ins Herz der 60% und realisiert damit einen enormen Umwelthebel. Machen sie das nur fürs Gemeinwohl? Wohl kaum. Die Kapitalisierung des Trends zu vegetarisch-vegan dürfte auch den Umsatzhebel ordentlich ziehen. Und das ist auch gut so.

Kapitel 6

Die fünf CMO-Jobs für das 60%-Potenzial

Das 60%-Potenzial ist immens – nicht nur für den Umsatz, sondern auch für die Umwelt. Wie schaffen wir es, dieses 60%-Potenzial zu aktivieren, zu realisieren? Oder anders gefragt: Wie können wir die breite Masse zu grünem Konsum bewegen?

Laut dem Diffusionsmodell von Innovationen, das von Everett Rogers entwickelt wurde (siehe Kapitel 5), muss für die Demokratisierung die breite Masse verstanden und überzeugt werden: Wie sich die 60% von den frühen Anwender:innen (den Öko-Fans) unterscheiden und was beide Gruppen jeweils an- und umtreibt, haben wir in der ersten Hälfte des Buches beschrieben.

Wie kann ein:e Chief Marketing Officer (CMO) oder alle anderen Marketingbegeisterten konkret mit diesen Erkenntnissen arbeiten? Wie können sie die breite Masse für grünen Konsum gewinnen? Welche Punkte liegen wirklich in ihrem originären Einfluss- und Aufgabenbereich?

Entwicklung und Grenzen der CMO-Jobs

Basierend auf unseren Interviews mit zehn Marketingverantwortlichen von führenden Unternehmen über verschiedene Branchen hinweg haben wir fünf Jobs für CMOs entwickelt. Sie sollen es CMOs erleichtern, die breite Masse für grünen Konsum zu begeistern und somit ökologische Nachhaltigkeit nicht nur zu demokratisieren, sondern auch zu monetarisieren.

Die Rolle der CMOs ist im Rahmen der grünen Transformation bereits im Wandel und wird sich auch in Zukunft noch weiter formen. Um diese Veränderung tiefgreifend zu verstehen und ein besseres Verständnis für die benötigten Rollen zu entwickeln, haben wir zehn Marketingverantwortliche von führenden Unternehmen in Deutschland und der Schweiz interviewt (siehe Kapitel 4). Der Fokus der Gespräche lag bewusst auf größeren und führenden Unternehmen, da diese einen großen Hebel für die grüne Transformation haben. Kleinere grüne Start-ups können aber ebenfalls von diesen Insights profitieren.

Die CMO-Jobs sollen für alle Marketinginteressierten und -begeisterten eine Inspiration sein. Damit meinen wir diejenigen auf dem CMO-Level, Mitglieder der Fachabteilungen und Tätigkeitsfelder Nachhaltigkeit, Corporate Social Responsibility, Corporate Communication und Public Relations. Natürlich ist das Thema auch relevant für Kreations- und Strategieverantwortliche in Werbeagenturen, Unternehmens- und Nachhaltigkeitsberatungen. Die CMOs-Jobs sollen Marketeers erste Ideen mit auf den Weg geben, wie das 60%-Potenzial realisiert werden kann.

Wo liegen die Grenzen der CMO-Jobs? Nicht alle Jobs treffen auf alle Industrien gleichermaßen zu. Auch haben Start-ups und etablierte Konzerne natürlich unterschiedliche Ausgangsbedingungen. Innerhalb dieser wiederum gibt es verschiedene Reifegrade in Bezug auf bereits vorhandene Nachhaltigkeitsambition und -kompetenz. So gilt es immer zu prüfen, ob der jeweilige Job wirklich zur eigenen Marke und Strategie passt. Die fünf Jobs sind dabei auch nicht als Reihenfolge zu verstehen. Ebenso wenig muss man alle Jobs umsetzen. Wichtig ist es, anzufangen und das 60%-Potenzial ernst zu nehmen.

Die folgenden Ausführungen enthalten zudem zahlreiche Fallstudien. Wir haben diese so ausgewählt, dass sie einen bestimmten Aspekt von unserem Argument gut unterstreichen. Dies heißt jedoch nicht, dass wir sie in allen Aspekten loben. Es handelt sich hier um unsere interpretative, subjektive Sicht.

#1

Die Führung übernehmen:

Die Eroberung des 60%-Potenzials ist eine zentrale CMO-Aufgabe

#2

Grünen Konsum reframen:

Das Wort »ökologische Nachhaltigkeit« braucht ein neues, emotionales Gesicht

Abbildung 12: Fünf Jobs für grüne CMOs

#3

Sich nicht im Öko-Dschungel verirren:

Fakten in der Tiefe und Fokus an der Oberfläche

#4

Schluss mit Abstrichen machen:

Grüne Produkte müssen liefern und dürfen nicht mehr kosten

#5

Die Extrameile gehen:

Nachhaltigkeit ist kein Sprint, sondern ein Marathon

CMO-Job #1

Die Führung übernehmen: Die Eroberung des 60%-Potenzials ist eine zentrale CMO-Aufgabe

Ausgangslage Die Verantwortlichkeit für ökologische Nachhaltigkeit liegt aktuell in der Regel in anderen Abteilungen als dem Marketing. Und diese haben auch alle eine absolute Berechtigung: So achtet der Einkauf zum Beispiel auf die Beschaffung nachhaltiger Rohstoffe und Produkte, vereinbart Standards mit Lieferanten und Handelspartnern. Die Logistik macht ihren Teil der Wertschöpfungskette grüner. In den Nachhaltigkeitsabteilungen erstellt man die Nachhaltigkeitsberichte, sichert die Einhaltung von Regulatorien, und gemeinsam mit der Unternehmensstrategie wird Nachhaltigkeit in den Strategiebildern und Steuerungsroutinen des Hauses verankert.

Das 60%-Potenzial Das 60%-Potenzial zu realisieren, ist zentrale Aufgabe des oder der CMOs, denn nur er beziehungsweise sie hat das entscheidende Kundenwissen.

Umsetzung Ausgehend von dem Wissen über die 60% bringt der/die CMO diese Erkenntnisse in andere Abteilungen und deren nachhaltigkeitsbezogene Entscheidungsprozesse ein.

Die grüne Transformation hat sich jahrelang in verschiedenen Fachabteilungen abgespielt: Im Einkauf wurde nachhaltig eingekauft, in der Supply Chain wurden die Abläufe verbessert, und die Büroauslastung wurde optimiert. Doch die Bemühungen und Qualitäten all dieser Protagonist:innen bedeuten zunächst erstmal nur eins: Kosten.

Denn jede Innovation mit dem Ziel, das Produktportfolio und die Lieferkette nachhaltiger aufzustellen, sowie jeder Aufwand, die eigenen Nachhaltigkeitsbemühungen rechtskonform zu auditieren und zu dokumentieren, sind immense Investitionen. Es kostet Unternehmen gewaltige Summen und Ressourcen, die nachhaltige Transformation zu stemmen.

»

Der CMO ist stärker als viele andere ein Kundenkenner und -wisser. Das führt automatisch in eine stärkere Strategierolle, die ›grünen Customer Insights‹ rechtzeitig und ausreichend hoch in die Hierarchie und in die Kernprozesse einzubringen.«

Rüdiger Vetter
Chief Marketing Officer & VP Global Marketing
bei DB Schenker

Und Investitionen müssen sich auszahlen, sonst sind sie reine Kosten, und damit kann kein Unternehmen langfristig erfolgreich sein. Ökologische Nachhaltigkeit darf also nicht nur, sie muss sich sogar lohnen. Es muss gelingen, Produkte und Dienstleistungen in der breiten Masse bekannt zu machen und letztlich auch zu verkaufen.

Genau hier kommen das Marketing und das 60%-Potenzial ins Spiel. Es ist der entscheidende Wertbeitrag der CMOs, Nachhaltigkeit als Chance zu konvertieren, Absatzpotenziale zu erschließen und Menschen zu begeistern. Mit dem 60%-Potenzial wird Marketing also vollends zur Schlüsselrolle einer erfolgreichen Nachhaltigkeitsstrategie. Die Nachhaltigkeitsbemühungen des Hauses kommerziell erfolgreich abzusichern, wird zur Chef:in-Sache und damit zu einer Marketingaufgabe mit Toppriorität. Oder wie es Rüdiger Vetter, CMO von DB Schenker, für uns auf den Punkt gebracht hat:

> *»Vermarktungswissen ist der entscheidende Mehrwert für eine Nachhaltigkeitsstrategie.«*

An dieser Stelle kommt eine Schlüsselkompetenz der Marketing- und Kommunikationsarbeit zum Tragen: Zielgruppenempathie und -verständnis. Keine andere Abteilung, die an der Realisierung einer Nachhaltigkeitsstrategie eines Unternehmens beteiligt ist, ist so nah an der Kundschaft und am Markt.

Viele Schlüsselpositionen setzen in ihrem Denken und Handeln deutlich weiter vorn in der Wertschöpfungskette an und »betreiben« nachhaltige Transformation mit ganz eigenen fachbereichsbezogenen Prämissen. Einkauf und Beschaffung justieren ihre Bemühungen für eine nachhaltigere Lieferkette letztlich immer mit dem Fokus auf Kosten. Die Unternehmensstrategie sieht das Big Picture und handelt mit Blick auf seine Stakeholder. Die CSR-(Corporate Social Responsibility) und die PR-(Public Relations)Abteilung denkt und betreibt Nachhaltigkeit im Sinne einer Sicherung und Steigerung der Reputation. Die Nachhaltigkeitsbeauftragten sind die Gralshüter:innen der Regulatorik und der politischen Vorgaben. Die Personalabteilung betrachtet Nachhaltigkeit als Attraktivitätsfaktor im Bewerber:innenmarkt. Für Forschung und Entwicklung ist Nachhaltigkeit ein Sprungbrett zur

Innovation, und die Produktion denkt in Bezug auf Nachhaltigkeit vor allem über die Machbarkeit nach.

Nur das Marketing in seiner Funktion der Marktbearbeitung und Absatzförderung schaut auf Zielgruppen und die Kund:innen – das bedeutet kund:innenorientiertes Denken. Und dieses Denken braucht man, um wirklich das 60%-Potenzial zu erschließen.

Vor allem das Marketing stellt also sicher, dass die Nachhaltigkeitsrechnung nicht ohne die Kund:innen des Hauses gemacht wird, sprich: die Kund:innen des Hauses. Denn irgendjemand muss die grüne Party am Ende des Tages, das heißt im Showroom, am Ladenregal, im Onlineshop mit einer entsprechenden Konsumentscheidung, ja bezahlen.

CMOs sind, als Anwält:innen der 60%, die Garanten einer absoluten Kund:innenzentrierung. Diese Aufgabe kann weder an andere Fachabteilungen noch an strategische Gremien delegiert werde. Ihnen fehlen neben der Kapazität vor allem das praktische Kund:innenwissen und die Insights über die 60%. Diese Kraft liegt seit jeher im Marketing. Nur das Marketing kann die Nachhaltigkeitsstrategie auf ein neues Relevanzniveau in der breiten Masse bringen, damit sie sich noch mehr für Umsatz und Umwelt lohnt.

Auch Christiane Haasis (CMO und Head of Icecream DACHBNX Unilever) sieht die Transformation klar als Marketingaufgabe, besonders weil es jetzt um die breite Masse gehen muss:

> *»Die CMO muss strategischer Katalysator und Portfolio-Entscheider sein. Die Kommerzialisierung kann nur eine Top-down-Entscheidung sein, bei der die CMO eine entscheidende Rolle spielt.«*

Christiane Haasis geht sogar noch einen Schritt weiter. Die Massentauglichkeit ist es, die es überhaupt erst möglich macht, dass sich Nachhaltigkeit lohnt. Sonst werden immer die großen Summen der notwendigen Investition einer auf Nachhaltigkeit optimierten Produktentwicklung gegen die kleinen Potenziale der Nische stehen. Und diese Massentauglichkeit ist eben nur in Form des 60%-Potenzials gegeben.

Einkauf & Beschaffung

Unternehmensstrategie

Corporate Social Responsibility & Public Relations

Nachhaltigkeit

Personalabteilung

Forschung & Entwicklung

Produktion

Marketing

Abbildung 13: Wer denkt wie bei Nachhaltigkeit?

kundenorientiert

innovationsorientiert

kostenorientiert

mitarbeiterorientiert

stakeholderorientiert

reputationsorientiert

regulationsorientiert

machbarkeitsorientiert

»Die grüne Transformation ist eigentlich keine Möglichkeit mehr, sondern eine Notwendigkeit. Sie wird kommen. Aber nur wenn Nachhaltigkeit massentauglich wird, werden sich die Investitionen auch lohnen. Wir im Marketing müssen darum sicherstellen, dass wir vor der Kurve sind.«

Wie kann also ein:e CMO Verantwortung für die Umsetzung des 60%-Potenzials tragen? Vattenfall bietet hier erste Ansätze.

Beispiel Vattenfall: Strategiearbeit mit Blick auf die 60%

Jens Osterloh (Director Marketing Communication bei Vattenfall, eines der führenden Energieunternehmen in Deutschland) arbeitet schon implizit mit den 60%. Denn mit über 5 Millionen Haushalten beliefert das Unternehmen mehr als jeden zehnten deutschen Haushalt mit Energie und ist also mittendrin in den 60%. Vom Mieter in der Großstadt bis zum Einfamilienhaus auf dem Land ist alles dabei.

Entscheidungen im Bereich Strom- und Energie sind wichtig, aber werden nur selten getroffen. Die 60% denken eben, anders als die überzeugten Öko-Fans, nicht intensiv über ihre Heizung nach. Im Vergleich dazu sind Ernährung oder Bekleidung Themen von hoher Alltagsbedeutung. Mit der folgenden Formel stellt Vattenfall sicher, dass sie ihren Tanzbereich erweitern und die 60% erreichen:

einfach + wirksam + lohnend

=

attraktiv für die 60%

Abbildung 14: Die 60%-Formel von Vattenfall

Unter »**einfach**« versteht Vattenfall, dass die Menschen die grüne Lösung auch verstehen müssen. Sie müssen begreifen, wie die Lösung, zum Beispiel Öko-Strom, die Welt ein Stück grüner macht. Ferner sollten die Eintrittsbarrieren gering sein, also der Aufwand, grüne Angebote und Dienstleistungen von Vattenfall »einzukaufen«. Denn die 60% verfolgen Nachhaltigkeit nur zum kleinstmöglichen Aufwand. Vor allem für ein nachhaltiges Commodity-Produkt zählen darum auch immer einfache, kundenzentrierte Customer Journeys.

»**Wirksam**« bezieht sich darauf, dass die Lösung auch wirklich einen Hebel in der grünen Transformation hat. Sie muss also etwas bringen, und den 60% muss es auch bewusst sein, dass damit zum Beispiel CO_2 eingespart werden kann. Denn wenn die 60% schon den Aufwand betreiben, neue Wege zu gehen, dann muss dieses Engagement auch etwas bewirken, sonst ist Enttäuschung vorprogrammiert.

Und »**lohnend**« bezieht sich auf den Eigennutz der Menschen. Bei Strom ist dies für viele Menschen eine Geldersparnis, bei anderen Produkten, wie neuen Thermostaten, kann es aber auch um Bequemlichkeit gehen. Die Strateg:innen von Vattenfall haben den Katalog ihrer Aktivitäten darum weit über das Energie-Kernprodukt ausgeweitet. So bekommen Vattenfall-Kund:innen nicht nur Angebote im Bereich Strom und Energie, sondern auch Gutscheine zum Ausprobieren von Carsharing, Bio-Lebensmitteln oder Secondhandkleidung und damit ganzheitliche Inspiration und Motivation für einen möglichst fossilfreien Alltag.

Im Rahmen dieser Formel wird der/die CMO viel stärker in die Strategiearbeit eingebunden. Wenn neue strategische Handlungsfelder besprochen werden, wird somit sichergestellt, dass Vattenfall wirklich einen Mehrwert für die 60% bietet:

> *»Nachhaltige Businessstrategie bedeutet auch immer Wandel. Und hier erfahren CMOs eine viel stärkere Einbindung in die frühen Strategieprozesse. Denn Marketing kann den Rahmen bilden, in dem das Neue, was entstehen soll, einen Halt und ein Ge-*

sicht bekommt. Gutes Marketing hilft also dem Erfolg von nachhaltigen Businesstransformationsprozessen.«

Jens Osterloh, Director Marketing Communication bei Vattenfall

CMO-Job #2

Grünen Konsum »reframen«: Der Begriff »ökologische Nachhaltigkeit« braucht ein neues, emotionales Gesicht

Ausgangslage Marken haben im Bereich ökologische Nachhaltigkeit zu wenig auf emotionale Differenzierung gesetzt. Es wird oftmals technisch, faktenlastig und emotionslos kommuniziert. Neben fehlendem Spaß löst der Komplexitätsgrad dieser Kommunikation bei den 60% eine gewisse Reaktanz aus. Das Resultat: Das Wort Nachhaltigkeit und verwandte Begriffe begeistern nicht. Schlimmer noch: Oftmals sind sie negativ konnotiert.

Das 60%-Potenzial Um das 60%-Potenzial zu realisieren, braucht ökologische Nachhaltigkeit ein neues, cooles Gesicht.

Umsetzung Mit dem 60%-Wissen können CMOs ökologische Nachhaltigkeit »reframen«. Nachhaltigkeit und verwandte Begriffe treten in der Nachhaltigkeitskommunikation in den Hintergrund und werden durch einen echten Mehrwert für die breite Masse ersetzt.

Nachhaltige Produkte sind doch etwas Tolles! Warum kommen sie dann kommunikativ oftmals, nun ja, langweilig daher?

Viele der grünen Pioniere haben es versäumt, eine emotionale Markendifferenzierung aufzubauen. Und viele Sustainable Immigrants aus den großen Konzernen und Handelsketten haben diesen sachlichen Stil übernommen und wider besseres Markenwissen auf dem Altar der ökologischen Seriosität und Glaubwürdigkeit alles geopfert, was erfolgreiche Marken ausmacht: relevante Botschaften verpackt in faszinierenden Geschichten und differenzierenden Bildern. Genau das würde zu leuchtenden Augen bei den 60% führen.

Und was machen wir? Wir zählen unsere Emissionen in Milligramm. Wir bedienen uns der immergleichen stereotypen Bilder, zeigen Großstadt-Hipster an Lastenfahrrad vor Windrad. Das Unwort »klimaneutral«, rechtlich sowieso kritisch und aus Sicht der 60% verwirrend, toppen wir noch mit »NetZero«, »Race2Zero« oder »Move to Zero«. Aus Sicht der breiten Bevölkerung wird Net Zero wohl eher verstanden als »Zero Sinn«. Selbst die emotional bemühte Nachhaltigkeitswerbung wirkt beim kreativen Sprung also eher behäbig. Ihr Betonklotz am Bein heißt: Negativität.

Soll das bemühte Bild des Eisbären auf der schmelzenden Scholle wirklich zum Umdenken des Verhaltens motivieren? Selbst emotionale, witzige Appelle wie »Es gibt keinen Plural von Zuhause« (IKEA) sprechen letztlich eher die Vernunft an. Jahrelang wurde hier in der Nachhaltigkeitsargumentation eine Sachlogik aufgebaut, die faktisch und mit rationalen Argumenten überzeugen soll, die in den Augen der breiten Masse aber vor allem eins macht: Druck, und zwar Druck zu handeln. Doch wirkt Druck wirklich bei den 60%?

Unsere Devise für die 60%:
Lieber Bock als Druck machen

So berechtigt das Anliegen ist, so falsch ist seine Umsetzung. Den 60% sollte man keinen Druck, sondern lieber Bock machen. Denn mit der Sachkeule oder Zeigefingerrhetorik erreicht man hier wenig. Sie haben weder die Motivation noch die Zeit, sich tief in Sachdetails einzufräsen. Und wichtiger als ihr Karma-Konto ist den 60% der Stand ihres Girokontos. Was habe ich davon, die Welt zu retten? Gerade weil auf dieser Frage verstärkt ein wertepolitischer Bannfluch zu liegen scheint, spre-

CMOs haben das große Talent, aber eben auch die große Verantwortung, Bilder und Wahrnehmung für das Neue zu erschaffen, die in der Masse ankommen. Warum fährt James Bond nicht mit der Bahn? Wir müssen klassische Rollenbilder in nichtfossile Narrative integrieren. Wir müssen nachhaltiges Verhalten cool machen, statt uns im Verzicht zu suhlen.«

Iskra Velichkova
Head of Brand bei Kleinanzeigen

Wir können nicht die ganze Zeit mit dem negativen Bild ›der Eisbär stirbt‹ kommen – das macht den Menschen in der breiten Masse keinen Spaß, das reißt keinen mit. Nachhaltigkeit muss auf den Lifestyle der Menschen einzahlen.«

Kerstin Erbe
Geschäftsführerin bei dm

chen wir sie nochmal aus: Warum sollten die 60% Mehrpreis und -aufwand leisten? Was haben sie davon? Und bitte beantworten Sie diese Frage nicht mit einem Argument, das raum- und zeitversetzt irgendwo anders liegt als in der Jetzt-Realität der Menschen. In 40 Jahren weniger Überschwemmungen irgendwo im globalen Süden? Das ist nicht relevant. Je ehrlicher man dies zugibt, desto klarer sieht man die Aufgabe:

Mit Blick auf die 60% müssen wir den Begriff der ökologischen Nachhaltigkeit in seinen Nutzendimensionen neu denken oder, in unseren Worten, »reframen«. Wir müssen alternative und nachhaltige Konsum- und Alltagsmuster kommunikativ in einen neuen Rahmen setzen, der eben nicht vordergründig »öko«, »bio« oder »klima« ist. Und negativ sollte er erst recht nicht sein.

Wir verstehen unter »reframen«, dass der Begriff Nachhaltigkeit und verwandte Begriffe in der Nachhaltigkeitskommunikation in den Hintergrund treten. Im Vordergrund stehen Mehrwerte, die in den Augen der breiten Masse wirklich kicken.

Das Bild des Tandems verdeutlicht diese Logik: Nachhaltigkeit tritt hinten kräftig mit, aber: vorn sitzt der Kund:innennutzen für die 60%

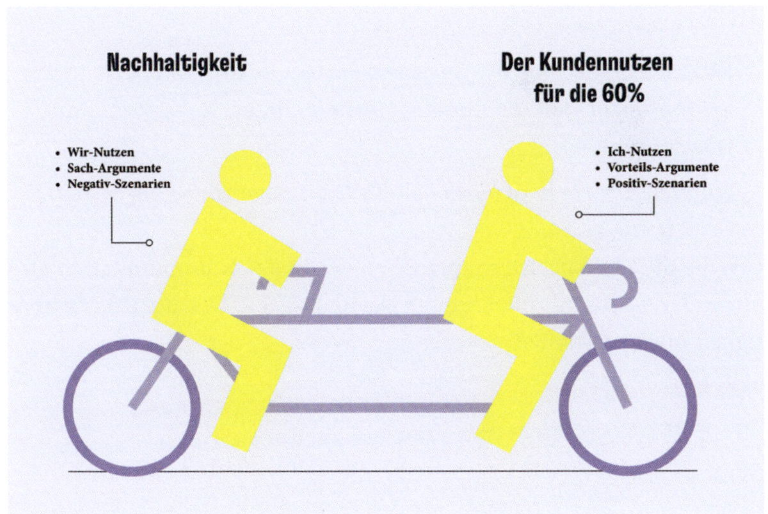

Abbildung 15: Der Reframing-Mechanismus – vergiss das Wort Nachhaltigkeit!

(siehe Abbildung 15). Genau das ist die Aufgabe der CMOs: Nachhaltigkeitswerbung für die breite Masse muss ein Tandem sein. Direkte Nachhaltigkeitsaussagen fahren und treten kräftig mit – aber hinten. Am Lenker sitzen die 60% und alles, was an Kundennutzen für sie relevant sein kann. Sonst bleibt die Kommunikation in der Öko-Falle. Denn was bei den Öko-Fans funktioniert, funktioniert nicht für die 60%.

Kommunikation für die Öko-Fans Die Öko-Fans können mit einer rationalen Sachargumentation für sich gewonnen werden (der »Wir-Nutzen«). Für sie wirken negative Bilder, weil sie dafür bereit sind, den Extraschritt in Bezug auf ökologische Nachhaltigkeit zu gehen und sich auch einzuschränken.

Kommunikation für die 60% Für die 60% ist ökologische Nachhaltigkeit kein Kund:innennutzen an und für sich. Deshalb dürfen sie keinesfalls vorn auf dem Tandem sitzen. Das Erste, was der breiten Masse begegnen muss, ist der individuelle Nutzen (der »Ich-Nutzen«). Nachhaltigkeit ist in den Augen der 60% nun mal nicht »sexy« und sollte daher hinten mitfahren:

> *»Nachhaltigkeit hat ein Sexyness-Problem! Nachhaltigkeit wirkt erstmal nicht geil. Es bedeutet Arbeit, Stress, Komplexität und Unsicherheit.«*
>
> *Jonas Spitra, Head of Sustainability Communications bei SCHOTT*

Um die 60% zu begeistern, brauchen wir in der Kommunikation also ein anderes Wort als ökologische Nachhaltigkeit. Der Begriff Nachhaltigkeit muss »reframed« werden.

Das Wort Nachhaltigkeit auch in der internen Kommunikation streichen

Es braucht jedoch nicht nur ein Reframing für die Kund:innen, sondern auch in der internen Kommunikation kann hiermit viel gewonnen werden.

Die Nachhaltigkeitskampagne von DB Schenker wurde von CMO Rüdiger Vetter ganz bewusst als eine interne Kampagne aufgebaut. So feierte das Unternehmen unter seiner kommunikativen Führung das 150-jährige Jubiläum mit dem Motto »Elevating Lives«. Vetter vermied damit ganz bewusst den Begriff Nachhaltigkeit. »Elevating Lives« kommt hier mit einem ganz anderen Nutzenversprechen und erlaubt es, eine breitere Masse mitzunehmen. Denn die alternative Formel emotionalisiert die historische Leistung des Hauses und sorgt so für Stolz und Überzeugung. Damit sollen bewusst negative Assoziationen mit dem Begriff Nachhaltigkeit vermieden werden.

Welche Wirkung Reframing haben kann, zeigt sich beispielsweise beim Begriff Secondhandkleidung (gebrauchte Kleidung). Was passiert bei den 60%, wenn sie diesen Begriff hören? Viele von ihnen werden unvermeidlich an Hygienedefizite oder einen modrigen Geruch denken. Klingt nicht nach Begeisterung, sondern eher nach Stigma. Und wer trägt schon gerne, was eine andere Person nicht mehr haben will?

In den letzten Jahren konnte man beobachten, wie der Begriff »Secondhand« kontinuierlich »reframed« wurde. Nun spricht man von Pre-Loved oder auch Re-Loved. Ricardo, eine Versteigerungsplattform in der Schweiz, hat in einer Kampagne erfolgreich mit dem Begriff reloved gearbeitet.

Dieses Reframing erlaubt es, das schmuddelige Image von Secondhand hinter sich zu lassen und neu emotional aufzuladen. Denn wer hat nicht gerne etwas, was ein anderer auch geliebt hat? Damit wurde das entsprechende Stück sozusagen nochmals validiert. Die Meinung von anderen ist uns schließlich immer wichtig.

Die Gebrauchthandelsplattform Kleinanzeigen geht beim Reframing für die 60% noch einen Schritt weiter.

Beispiel Reframing bei Kleinanzeigen: Secondhand wird zur Popkultur

Noch unter dem alten Eigentümer eBay machte sich Kleinanzeigen im Jahr 2020 daran, die Wahrnehmung von Gebrauchtkauf einer Generalüberholung zu unterziehen, mit dem Ziel, das Kaufen gebrauchter Waren in der breiten Masse populär zu machen. Denn der Kauf gebrauchter statt neuer Produkte birgt immense Vorteile für die Umwelt. Einspareffekte liegen etwa in den Bereichen Stahl, Aluminium und Plaste. Gebrauchtkauf ist vom Umweltgesichtspunkt her also sehr sinnvoll.

Aber so einfach ist die Welt der 60% leider nicht. Wo genau liegt das Problem? Der Kauf von gebrauchten Sachen hat nicht unbedingt das beste Image in der breiten Masse. Der Beigeschmack, Gebrauchtkauf ist für Leute, die sich nichts Neues leisten können, hält sich ebenso hartnäckig wie Qualitätsbedenken. Recycelte Produkte werden von einigen Verbraucher:innen als minderwertig wahrgenommen.[97] Das geht so weit, dass sich einige Verbraucher:innen sogar um die Übertragung von Geruch und Schmutz Sorgen machen.

Für die 60% muss hier der Kund:innennutzen ganz klar im Fokus stehen – und dies ist eben der Nutzen für das eigene Portemonnaie. Wie transportiert man diesen für die 60%?

Kleinanzeigen beschreitet diesen Weg sehr geschickt: Weit jenseits von Korksandalen und Körnermüsli inszenierte die Plattform in einer Kampagne Gebrauchtkauf als etwas Junges und Cooles. Nicht als etwas, das man aus Frust tun muss (weil das Geld nicht reicht), sondern aus Lust tun möchte (weil es einfach schlauer ist). Dazu gab Kleinanzeigen[98] – unter anderem mit der Agentur The Goodwins – diversen jungen aufstrebenden Künstler:innen eine Bühne, indem es bei ihnen eigens für die Kampagne produzierte Songs in Auftrag gab. Die so entstandenen Musikvideos fungierten als Werbespots, die einerseits das

Prinzip Kleinanzeigen und Gebrauchtkauf erklärten und andererseits und ganz nebenbei auf eine positive und unbeschwerte Art auf das Thema Nachhaltigkeit aufmerksam machten – ohne jedoch den Begriff explizit zu erwähnen. Secondhand wurde damit Teil der Popkultur.

Danach ging Kleinanzeigen noch einen Schritt weiter: Erst wird das Giro- und dann das Karma-Konto aufgefüllt. Denn der individuelle

Abbildung 16: Kleinanzeigen: Der Kund:innennutzen für die 60%
(© Kleinanzeigen, Foto Laura Kaczmarek)

Abbildung 17: Green Sunday – Nachhaltigkeit alleine funktioniert nicht, für die 60% braucht es noch andere Argumente (© Kleinanzeigen)

Nutzen kommt für die 60% zuerst, und einer davon ist: »Du sparst Geld.« Und genau darauf zahlt Kleinanzeigen in ihrer Kommunikation ein: »Tolle Sachen zum kleinen Preis. Rares finden und Bares sparen. Mit alten Sachen Kohle machen.«

Alle ökologischen Nutzen fahren hinten auf dem Tandem mit – als kostenlose Zugabe sozusagen: Ressourcen schonen, Umwelt schützen. Wer kann zu einer so vorteilhaften Nachhaltigkeit schon nein sagen?

Aber die Reihenfolge ist klar: Erstmal ist es gut für mich. Hier wird der vordere Sitz auf dem Tandem eingenommen. Und wenn es dann auch noch gut für die Umwelt ist – umso besser.

Gebrauchte Elektronik verkaufen und Kohle machen. Besondere Möbel kaufen, die nicht nur deine Wohnung, sondern auch dein Konto gut aussehen lassen. Das hippe rosa Outfit letztlich in Grün kaufen, weil es gebraucht gekauft umweltfreundlicher ist. Die Motive treffen das Herz der breiten Masse. Handfeste Vorteile auf der Ich-Ebene werden subtil abgerundet mit Nachhaltigkeit. Kaum moralisch. Immer positiv. Und genau mit dieser unaufdringlichen grünen Bodenständigkeit tun sie der nachhaltigen Sache den größten Gefallen: positive Kommunikation, welche die 60% wirklich anspricht.

Wie gut sie die 60% verstanden hat, zeigt Kleinanzeigen mit dem Green Sunday: Mit der Initiative Green Sunday setzt Kleinanzeigen einen ikonischen Gegenentwurf zum allgemeinen Rabatt- und Neukaufwahnsinn des Black Fridays. Zu viele Menschen, gerade der 60%, kaufen Neuware oft, ohne weiter darüber nachzudenken, und zwar nur, weil sie es können. Weil es einfach zu schnell und bequem geht. Gebrauchtwaren bedeuten hingegen oftmals Aufwand.

Kleinanzeigen hält im Namen des Gebrauchtkaufs dagegen, aber nicht grün und moralisch, sondern ganz kommerziell und kund:innenorientiert. Es bleibt hiermit seinem Prinzip »Gut für dein Portemonnaie, gut für die Umwelt« konsequent treu.

Der Green Sunday kommt völlig ohne nachhaltige visuelle Klischees oder textliche Plattitüden aus. Dafür mit Schnelligkeit und Bequemlichkeit, mit kostenlosem Versand und komfortablen Bezahlfunktionen. Nachhaltiges Onlineshopping in topmodern, schnell und cool. Das ist genau der Ich-Nutzen für die 60%, der vorn auf dem Tandem fahren sollte.

Beispiel Reframing bei der Deutschen Bahn: Nachhaltiger Reisen ohne Zeigefinger!

Die Deutsche Bahn arbeitete früher mit dem Claim: »Deutschland entdecken. Auf die klimafreundliche Art.« Dies ist eine Kommunikation für die Öko-Fans, die mit dem Begriff klimafreundlich durchaus zu ködern sind.

Für die 60% »reframed« die Deutsche Bahn jedoch geschickt. Mit einer beispiellosen Coolness inszeniert sie die nachhaltige Überlegenheit ihres Angebotes im Vergleich zu weniger nachhaltigen Reiseoptionen mittels einer souveränen Gegenüberstellung:

In der gleichen Kampagne wird auf der linken Seite mit dem Colorado durch Arizona verführt. Kostenpunkt: 1156 Euro. Auf der rechten Seite wird die verblüffend ähnlich schöne Moselschleife in Rheinland-Pfalz gezeigt. Kostenpunkt: 19 Euro.

Oder links eine romantische Brücke über ein ruhiges Gewässer in Guilin, China für 1154 Euro. Rechts eine nicht minder pittoreske und

Abbildung 18: Kampagne der Deutschen Bahn (© Deutsche Bahn/ getty images)

zum Verwechseln ähnliche Brücke in Kromlau, Deutschland, für einen Bruchteil der Summe.

Das ist Reframing par excellence: Die Deutsche Bahn »reframed« zusammen mit ihrer Agentur Ogilvy die ökologisch vorteilhafte Bahnreise als die coolere und smartere Alternative. Die erstklassigen Fotos sprechen die 60% an, erwecken das Fernweh und bedienen es dann mit einer lokalen und damit nachhaltigeren Perspektive. Die Werbung gibt sich als echte Tourismusanzeige. Die Bahn gewichtet ihre Trümpfe also genau so, wie sie in der Prioritätenliste der 60% vorkommen: Qualität, Preis, Smartness, Umweltschutz. Nicht andersrum. Die ökologische Nachhaltigkeit fährt also nur auf dem hinteren Sitz des Tandems mit.

Wenn das Wort Nachhaltigkeit überhaupt verwendet wird, dann im Hintergrund. Ansonsten wird ein Mehrwert für die 60% kommuniziert. Und die interessiert nun mal primär ein schöner und günstiger Urlaub. Wenn dieser dann nachhaltig ist, umso besser. Nur nachhaltig ohne schön geht für die 60% nicht.

Beispiel Reframing bei Burger King: Geschmack ist King bei den 60%

Seit Burger King 2019 sein Flagship-Produkt, den Whopper, als »Plant-based«, also pflanzenbasierte Variante, zum ersten Mal serviert hat, ist viel passiert. Heute bietet die Fast-Food-Kette in seinen deutschen Restaurants fast 100% des Produktportfolios auch als pflanzenbasierte Alternative an. Burger King verzichtete in der Einführung des Themas in der breiten Masse konsequent auf eine übertriebene Betonung der nachhaltigen Vorteile der fleischlosen Alternativen, wie zum Beispiel weniger CO_2 in der Herstellung, kein Tierleid und geringere Landnutzung. Denn das sind alles keine Gründe, die für die 60% relevant sind.

Burger King kennt seine Restaurantgäste – zu einem großen Teil sind es Repräsentanten der 60% – und weiß genau, was diese wollen: Geschmack.

Niemand geht zu einem konventionellen Burgergrill, um sich besonders nachhaltig zu verhalten. Man geht dorthin, um sich mal etwas zu gönnen und ein bisschen über die Stränge zu schlagen. Und das zu einem guten Preis. Darum »framed« Burger King seine pflanzenbasierten Produkte in allererster Linie als lecker und wohlschmeckend. Die fleischhaltigen Alternativen werden dabei nicht abgestraft oder abgewertet. Man überlässt den flexitarischen 60% die freie Auswahl, ohne die moralische Keule zu schwingen.

Schauen wir uns das mal etwas genauer an. Der Startpunkt einer Kampagne, die Burger King gemeinsam mit der Agentur Grabarz & Partner realisierte, war ebenso klug wie mutig gewählt: der Plant-based Long Chicken. Das Fleischpendant, der reguläre Long Chicken, zählt zu den meist verkauften Produkten des Hauses. Hier macht man normalerweise keine Experimente. Aber Burger King tat es doch. Warum?

Für pflanzenbasierte Alternativprodukte sind die Chancen, auf den Dimensionen Geschmack und Sensorik ein ebenbürtiges Kund:innenerlebnis zu bieten, im Bereich Hühnerfleisch am größten. Und Burger King wollte einen sicheren Sieg für »Team Plant-based« einfahren. Darum setzte man auf den Plant-based Long Chicken. Da man kaum einen Unterschied schmeckt, konnten sich die Verantwortlichen sicher sein, dass man den entscheidenden Punkt machen wird, der bei der Einführung einer nachhaltigen Konsumalternative bei den 60% so wichtig ist: dem ersten Eindruck. Mit dem Plant-based Long Chicken würde niemand nein zur Pflanzenalternative sagen, denn sie schmeckt wie das herkömmliche Fleischprodukt. Dieser Schwerpunkt auf Geschmack wurde auch in der Kampagne gesetzt: »0% Fleisch. 100% Geschmack.«

Abbildung 19: Für die 60% wird der Fokus auf den Geschmack gerichtet (© Burger King Deutschland)

Geschmack und nur Geschmack stand im Fokus und Mittelpunkt der Kampagne. Auf rationalen Nachhaltigkeitsballast aller Art wurde komplett verzichtet. Bessere CO_2-Bilanz? Vorhanden, aber nicht der Punkt. Null Sorge wegen Tierleid? Absolut, aber in der breiten Masse nicht kritisch.

Geschmack entscheidet! Darum gab es auch keine Abweichung vom sicheren Pfad appetitlicher Food-Werbung – das ist nämlich der Pfad, den die 60% kennen. Keine Windräder, keine hippen Großstädter. Stattdessen Close-up auf einen lecker-schmecker Burger, so wie man das von Burger King kennt.

CMO-Job #3

Sich nicht im Öko-Dschungel verirren: Fakten in der Tiefe und Fokus an der Oberfläche

Ausgangslage Sehr viel Zeit wird in die Erstellung von Nachhaltigkeitsberichten gesteckt. Sind sie relevant für die 60%?

Das 60%-Potenzial Nachhaltigkeitskommunikation für die 60% muss beides liefern: Fakten in der Tiefe und Fokus an der Oberfläche.

Fakten in der Tiefe – weil die 60% sich darauf verlassen wollen, dass unter der Oberfläche alles in Ordnung ist.

Fokus an der Oberfläche – weil die 60% nur die Zeit und die Muße für das Nötigste haben. Und im besten Fall einfach nur für das, was Spaß macht.

Umsetzung Mit dem 60%-Wissen können CMOs den richtigen Mix finden und eine Kommunikationsarchitektur bauen, die Fokus an der Oberfläche und Fakten in der Tiefe bietet.

Wissen Sie, welcher Anteil eines Eisbergs aus dem Wasser schaut? Es ist nur ein winziges Zehntel. Die eigentliche Post geht unter Wasser ab. In der Tiefe liegt das große Volumen des Eisbergs. Es ist riesig, aber oben völlig unsichtbar. Überträgt man das auf unser Konzept der 60%, dann ist diese Verteilung für die Architektur ihrer Nachhaltigkeitskommunikation genau die richtige (siehe Abbildung 20).

In der Tiefe sind die Fakten und die Substanz versteckt. Hier finden wir Nachhaltigkeitsberichte, QR-Codes und Links auf Webseiten mit nachhaltigem Inhalt, Produktvergleiche und Dialogangebote. Wie bei einem Eisberg gilt: Diese Tiefe ist einfach da, auch wenn man sie nicht sieht.

Die Spitze hingegen ist fokussiert. Man kann nicht den ganzen Eisberg sichtbar machen. Und die wichtige Botschaft ist: Das sollte man auch auf keinen Fall tun! Die Spitze gehört den 60%. Sie haben nicht die Muße und die Zeit für die Tiefe.

Die 60% beschäftigen sich oberflächlich mit Nachhaltigkeitskommunikation. Ihnen reicht es in der Regel vollkommen, die Oberfläche des Eisbergs über Wasser zu sehen. Je weiter man nach unten geht, desto mehr nimmt ihr Interesse ab. Sie haben weder die Motivation noch die richtige Taucherausrüstung (Zeit, Vorkenntnisse), so tief in das Thema einzudringen. Sie können die große Masse an Fakten und Informationen in der Tiefe nur ahnen. Und das reicht ihnen. Egal, was da unten im Detail alles abgeht – es ist nicht wirklich relevant für die 60%. Deshalb müssen sie auch keinen Nachhaltigkeitsbericht sehen und sich mit ihm auseinandersetzen. Es ist für sie nur wichtig, dass er da ist. So wie ein Kleidungsstück, das man alle zehn Jahre mal trägt. Es ist gut zu wissen, dass es irgendwo in den Tiefen des eigenen Schrankes vergraben ist und man es hervorholen könnte, wenn man es braucht.

Für die Öko-Fans sieht das natürlich ganz anders aus. Die Vorhut des nachhaltigen Konsums würde sich wahrscheinlich wundern, wenn man sie mit den wenigen Informationen aus der Spitze abspeisen würde. Aufgrund ihres fundamental anderen Grundinteresses und damit auch einer besseren Vorkenntnis wissen sie genau, dass es die Fakten aus der Tiefe sind, auf die es ankommt. Und diese Fakten sind die Substanz für sie. Hier liegt der Schwerpunkt ihrer Auf-

»

Der Nachhaltigkeitsbericht hat eine ganz andere Anspruchsgruppe – und ein anderes Ziel. Es schützt Unternehmen vor Greenwashing-Vorwürfen. Nachhaltige Fakten eignen sich aber nur bedingt für die Werbung. Hier muss eher eine emotionale, positive Zukunftsvision aufgezeigt werden.«

Angela Nelissen
CMO und Head of Icecream DACHBNX Unilever

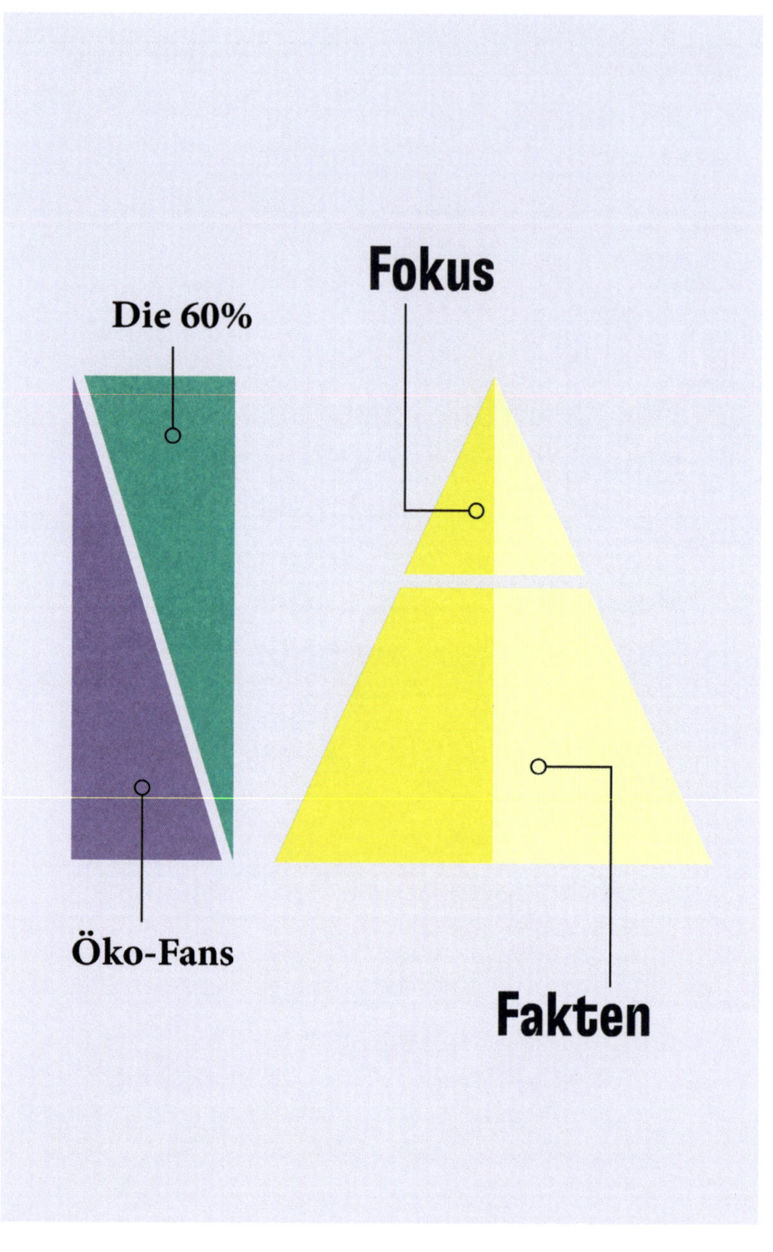

Abbildung 20: Fakten in der Tiefe + Fokus an der Oberfläche = Attraktiv für die 60%

merksamkeit. Sie wollen neue Entwicklungen verstehen, Details wissen und vergleichen, und sie gehen auch gerne in den Dialog. Dafür sind sie auch bereit, sich durch Berichte und Webseiten zu kämpfen.

Wie wird man im Marketing nun den unterschiedlichen Ansprüchen der Öko-Fans und der 60% gerecht? Wem kommuniziert man was? Wie entscheidet man, was sichtbar und was unsichtbar ist? Das hängt natürlich davon ab, wen man primär erreichen will.

Es ist der Job der grünen CMOs, für die 60% den richten Kommunikationsmix herzustellen: Fakten in der Tiefe und Fokus an der Oberfläche. Die steigenden Anforderungen an Kennzahlen und Berichtslegung sollten im Marketing gefiltert werden. Denn der Fokus für die 60% will wohlüberlegt gesetzt sein.

Deshalb folgen hier ein paar Fallbeispiele zur Inspiration, wie man die 60% erreichen kann, ohne das Substanzbedürfnis der Öko-Fans aus den Augen zu verlieren.

Beispiel Vaude: Wie kommuniziert man Kreislaufwirtschaft?

Der Produzent von Outdoor-Bekleidung und -Ausrüstung ist ein Vorreiter in Sachen nachhaltiger Unternehmensführung in Deutschland und wurde nicht umsonst im November 2023 mit dem Deutschen Nachhaltigkeitspreis im Bereich Textilien ausgezeichnet. Bereits früh investierte die Marke in die Kreislauffähigkeit ihrer Produkte. Dabei geht es um mehr als nur besseres Recycling. Echte Kreislaufwirtschaft beginnt bereits am Anfang, also in der Planung und im Design von Produkten, und legt es darauf an, sämtliche Energie- und Materialkreisläufe im Zusammenhang mit den eigenen Produkten in sich zu schließen. Ein enorm komplexes Thema. Wie kann man dieses Thema so kommunizieren, dass die 60% es verstehen und als relevant erachten?

Fakten in der Tiefe Die volle Breite des Themas Kreislaufwirtschaft bespricht Vaude in der Tiefe des Eisbergs, aber nicht mit den 60%, sondern mit den Öko-Fans. Diese tragen die Marke im Kern und sind enorm wichtig. Anders als die 60% besitzen diese Menschen aber eine große Offenheit, ja sogar ein Interesse und echte Bereitschaft für Durch-

Abbildung 21: Vaude und die Öko-Fans – Fakten in der Tiefe in einem spezialisierten Podcast (© Vaude)

brüche und Veränderungen. Mit diesen Menschen kann Vaude »offen reden«, also auch über Zwischenstände, über Vorteile und Nachteile bestimmter Lösungswege fachsimpeln, und das alles sehr dialogisch.

Neben Social Media und Special Interest spielen im Tiefendialog mit den Öko-Fans darum vertiefende Formate wie beispielsweise Podcasts und vor allen Dingen Events und Fachkongresse eine entscheidende Rolle. In der Tiefe benutzt Vaude in der Kommunikation Begriffe wie »Kreislauffähigkeit«, »Nachhaltigkeit« oder auch »regenerativ«. Begriffe, die man an der Spitze des Eisbergs, also gegenüber den 60%, wohl eher nicht verwenden sollte.

Fokus an der Oberfläche An der Oberfläche versucht Vaude, das schwergängige und abstrakte Thema Kreislaufwirtschaft in Formate zu bringen, die für die 60% relevant sind. Vaude setzt hier auf klassische Werbung: online, Print, POS und Social Media. Neben der Medienstärke zählt hier aber vor allem, ob es gelingt, die Bilder und Worte aus der Tiefe für die breite Masse richtig zu fokussieren und zu übersetzen.

Abbildung 22: Vaude und die 60% – Fokus auf »unendlich praktisch« (© Vaude)

Die 60% sind nicht offen für fundamentale nachhaltige Innovationen. Das ist ihnen viel zu heiß. Vaude spricht in diesem Zusammenhang von »bewiesenem Wandel«, also von Innovationen, die sich bereits bewährt haben und massenfähig sind.

Deshalb »entschlackt« Vaude hier ganz bewusst den Begriffekanon: An der Spitze des Eisbergs spricht Vaude nicht über »Kreislauffähigkeit«. Für die 60% wird stattdessen ein anderer Fokus gesetzt, wie zum Beispiel »reparierbar«. Denn dies ist im Vergleich sehr wohl ein Teil des Vokabulars der breiten Masse. Und ganz nebenbei wird für die 60% ein wichtiger Kund:innennutzen kommuniziert: »unendlich praktisch«.

Damit wird der ökologische Wandel griffig und die 60% mit dem sperrigen Thema der Kreislaufwirtschaft geschickt abgeholt. Falls die 60% dann aber doch mal von einem Bedürfnis nach Fakten übermannt werden, finden sie diese in der Tiefe des Eisberges. Hier können sie sich detailliert in das Thema Kreislaufwirtschaft einlesen. Dies schafft Vertrauen in die Marke Vaude und ihre grüne DNA.

Beispiel Apple: Fakten für Mutter Natur, Fokus für die 60%

Apple übersetzte in seinem Spot (»Mother Nature Needs a Status Report«) zentrale Teile seiner zu leistenden Nachhaltigkeitsberichterstattung aus der Tiefe für die Oberfläche in einen kleinen Hollywoodstreifen. Mutter Erde persönlich liest dem Apple-Management die Leviten und ist am Schluss positiv beeindruckt von den nachhaltigen Fortschritten von Apple.

Allein bei YouTube wurde der Spot in drei Wochen 4 Millionen Mal aufgerufen. Storytelling und Casting, unter anderem mit der Oscargekrönten Hollywoodschauspielerin Octavia Spencer und dem Apple-CEO Tim Cook himself – alles großes Kino.

Der Case wurde sehr ambivalent diskutiert. Für die einen stellt er ein Meisterwerk des Nachhaltigkeitsmarketings dar und wurde hochgelobt. Die anderen bemängeln ihn für die fehlende Substanz. Hier sieht man unsere Grundthese am Werk: Die Gruppe der Lobenden ist wohl eher die, die die Interessen der 60% im Blick hat, die Kritiker:innen würden sich wohl eher der Gruppe der Öko-Fans zuordnen lassen. Schauen wir mal genauer hin.

Fakten in der Tiefe Mit seinem Fortschrittsbericht zum Umweltschutz 2023 liefert Apple auf 114 Seiten alles rund um den Status quo in den Bereichen Klimaschutz, Materialien, Chemikalien und politisches Engagement. Dieser Bericht schlummert in den Tiefen der Apple-Website und ist nicht auf den ersten Klick zu finden. Ein Aufwand, den sicherlich eher die Öko-Fans als die 60% betreiben werden. Wenn man ihn gefunden hat, besticht er durch sehr gutes Design und Lesefreundlichkeit.

Fokus an der Oberfläche Der Spot ist ein Meisterstück, wenn es darum geht, dröge nachhaltige Kost so fokussiert zu filmen und zu erzählen, dass sie Menschen wirklich berühren und begeistern kann. Dabei setzt der Technologiekonzern einen klaren Fokus nur auf die Aspekte, die in der breiten Masse verstanden werden: Baumpflanzungen zum Ausgleich des CO_2-Fußabdrucks beispielsweise oder der Verzicht auf Lederarmbänder und ein reduzierter Einsatz von Plastik in der Verpackung. Schwerer zu verstehende Themen, wie der Einsatz von bestimmten Materialen, Rohstoffen und Chemikalien, deren Gewinnung und Recyclingfähigkeit bleiben in der Tiefe. Und das ist mit Blick auf den Faktenbedarf der 60% auch gut und richtig so.

Mit Blick auf den Eisberg ist es Apple gelungen, eine sehr passende Kommunikationsarchitektur für die 60% aufzusetzen. Mit dem Fokus an der Oberfläche geht automatisch die Tatsache einher, dass man natürlich nur sehr selektiv berichtet, was genau richtig für die Ansprache der 60% ist. In den Augen der Kritiker:innen ist das hingegen falsch: mangelnde Transparenz und Referenz.

Der Fall Apple (»Mother Nature Needs a Status Report«) ist nicht ambivalent, weil der Fokus an der Spitze falsch gesetzt ist. Die Spitze ist goldrichtig. Er ist ambivalent, weil die Fakten in der Tiefe bemängelt werden. Denn solange Apple die wirklich großen Themen, wie zum Beispiel Kreislaufwirtschaft oder auch faire Arbeitsbedingungen in der globalen Lieferkette im Speziellen, in der Tiefe nicht substanziell behandelt, bleibt bei den Öko-Fans ein unangenehmer Geschmack zurück.

Das ist ein wichtiger Hinweis darauf, dass der Eisberg nur aufrecht schwimmen kann, wenn die Masse in der Tiefe auch wirklich Substanz hat.

Beispiel fritz-kola: Fakten digital, Fokus live

Die fritz-kola GmbH ist bekannt für Kola-, Limonaden- und Mischgetränke, die eine klare Meinung haben. So wird das 2003 gegründete Unternehmen niemals müde, im Rahmen ihrer Marketingkampagnen klare Position für mehr Vielfalt & Toleranz zu beziehen. Mit der Initiative »Pfand gehört daneben« unterstützen sie Mikroeinkommen und wohnungslose Menschen. Mit der Aktion »Trink aus Glas« kämpft die Getränkemarke gegen Plastikverschmutzung.

Obwohl das Unternehmen noch nicht zur Berichtslegung verpflichtet ist, hat es bereits 2020 einen Nachhaltigkeitsbericht aufgesetzt und sah sich mit folgender Herausforderung konfrontiert: Nachhaltigkeitsberichte sind in ihrer Substanz oft lang und unübersichtlich. Darum werden sie selten gelesen. Die Hamburger:innen machten es sich zum Ziel, aus der Tiefe faktenbasierter, substanzieller Berichterstattung punktuell aufzutauchen und die Themenschwerpunkte so zu fokussieren, dass sie an der Oberfläche verstanden werden können.

Fakten in der Tiefe fritz-kola hat seine Hausaufgaben in Sachen Nachhaltigkeit gemacht. Ein Hauptaugenmerk liegt auf Verpackung. Dabei setzt fritz-kola auf Glasflaschen und kämpft dafür, deren Vorteile für die Umwelt in der Branche bekannt zu machen. Ferner engagiert sich das Unternehmen für die Wiederverwendung und das Recycling von Verpackungsmaterialien, sowohl intern als auch durch Partnerschaften mit Recyclingunternehmen und Initiativen. fritz-kola hat sich zum 1,5°-Ziel der UN verpflichtet und der Science Based Targets Initiative angeschlossen und bemüht sich, seinen ökologischen Fußabdruck zu reduzieren, unter anderem durch die Optimierung von Produktionsprozessen, der Nutzung erneuerbarer Energien und der Reduzierung von Transportemissionen. All das kann man im Nachhaltigkeitsbericht des Unternehmens im Detail nachlesen, der online für alle Interessierten einsehbar ist und dabei die internationalen GRI-Standards[99], eine Richtlinie zur Erstellung von Nachhaltigkeitsberichten, erfüllt. Alles Wesentliche ist vorhanden und hinterlegt. Doch weil kaum jemand den Bericht auf der Website suchen wird, haben sich die Hamburger:innen etwas einfallen lassen.

Fokus an der Oberfläche Der Bericht wurde auf das Format einer Doppelseite zusammengestrichen. Auf lange Darstellungen von Kleinprojekten mit wenig Impact wurde verzichtet. Dafür wurden nur die wichtigsten Kernaussagen fokussiert und in einfachen, verständlichen

Abbildung 23: fritz-kola – sieht nicht aus wie ein Nachhaltigkeitsbericht, ist aber einer (© fritz-kola GmbH)

Worten beschrieben. Mit einleuchtenden Diagrammen, einem Design in Schwarz und einer Bildwelt abseits nachhaltiger Stereotypen bewegt sich die nachhaltige Botschaft außerhalb der grünen Blase. Und abseits dieser wurde der Fokus auch kommuniziert: Mittels Fahrrädern mit Poster-Anhängern vor dem Bundestag, Riesenpostern an stark frequentierten Punkten, ausgelegten Faltpostern und jeder Menge gezieltem Dialog auf Social Media trug fritz-kola seine Themen fokussiert in die breite Masse.

Mit diesem Ansatz beweist fritz-kola den Mut, die richtigen Themen fokussiert zu kommunizieren. Nicht als rechtfertigender Informationsrundumschlag in der Breite, sondern als passionierter und gut kuratierter, fokussierter Kommunikationsleuchtturm an der Oberfläche. So nah an der breiten Masse dürfte kein anderer Nachhaltigkeitsbericht jemals gewesen sein.

Beispiel Migros V-Love: Fokus an der Oberfläche – Nachhaltigkeit als lässiger Lebensstil

Fakten in der Tiefe Migros, eine der führenden Einzelhandelsketten der Schweiz, wurde vielfach als das nachhaltigste Unternehmen der Schweiz gekürt.[100] Verankert in ihrer Gründung von Gottlieb Duttweiler hatte die Migros schon immer hohe soziale wie auch ökologische Standards im Blick. So werden zum Beispiel bis zum heutigen Tag kein Alkohol und keine Zigaretten in der Migros angeboten. Das durchaus beeindruckende nachhaltige Engagement des Hauses findet man in den Tiefen der Unternehmensseiten und im Nachhaltigkeitsbericht. Gehen sie damit an der Oberfläche hausieren? Nein, nicht wirklich und schon gar nicht vordergründig, denn es ist ein Einzelhandelsunternehmen, das für die breite Masse da ist. Sie wissen ganz genau, dass Nachhaltigkeit auch gewisse Käufer:innengruppen abschrecken kann, und sie wollen für die breite Masse da sein. Die Fakten sind bei der Migros wirklich in der Tiefe. Die Substanz ist da, sie wird aber nicht aktiv in einer Kampagne kommuniziert.

Fokus an der Oberfläche Was passiert stattdessen an der Oberfläche? Dies kann man sehr schön anhand der Migros-Eigenmarke V-Love illustrieren. V-Love ist eine Marke mit einer enorm breiten Palette, von Hafermilch bis Sojageschnetzeltes ist alles dabei. Tieferliegende Nachhaltigkeitsaspekte der pflanzenbasierten Alternativen, über die man jede Menge erzählen könnte, werden selbst auf der Webseite des Unternehmens nicht übertrieben breit dargestellt. An der Oberfläche bezieht V-Love klare Position im Lager der 60% und stellt im Grenzbereich zur Selbstironie eine gewisse Leichtigkeit im Umgang mit nachhaltiger Ernährung in den Raum, und zwar in Form plakativer Sprüche, die der breiten Masse aus der Seele sprechen könnten: Mit

Slogans wie »Auch wenn dein Veganuary nur 1 Tag dauert«, »Auch wenn auf deiner Schürze ›Steak it easy‹ steht« oder »V-love you. Du bist gut, so wie du (b)isst«. Damit adressiert Migros genau die 60% – die nämlich eher Flexitarier:innen sind.

Die so gestaltete Oberflächenkommunikation, entwickelt von Migros gemeinsam mit der Werbeagentur Wirz, verzichtet auf jede Form von moralischem Zeigefinger oder ökologischer Erbsenzählerei: So wird zum Beispiel nirgendwo der CO_2-Vorteil berechnet. Auf moralische Appelle jedweder Art wird verzichtet. Zweifel an der Glaubwürdigkeit dürften trotzdem kaum aufkommen, denn bei Bedarf können die 60% diese Informationen in der Tiefe finden.

CMO-Job #4

Schluss mit Abstriche machen: Grüne Produkte müssen liefern und dürfen nicht mehr kosten

Ausgangslage Jahrelang kamen grüne Produkte mit Qualitäts- und Komfortabstrichen daher. Oder mit höheren Preisen. Manchmal auch mit beidem.

Das 60%-Potenzial Die 60% sind nicht bereit, für grüne Produkte Qualitätsabstriche und signifikante Preisaufschläge hinzunehmen.

Umsetzung Nachhaltigkeit darf keine Entschuldigung für mangelnde Performance sein. Qualität, Komfort und User:innen-Experience müssen steigen. Die Preise müssen sinken.

Nachhaltigkeit kostet nun einmal mehr. Wer etwas anderes behauptet, lügt. Wer nach höchsten ökologischen, sozialen und ethischen Maßstäben produziert und vertreibt, wird schwerlich die oder der Günstigste am Markt sein können. Dabei reden wir noch nicht einmal von der Internalisierung der Umweltfolgekosten. Nachhaltigkeit zum Ramschpreis? Und dann oftmals auch noch zu einer schlechteren Qualität? Geht nicht. Punkt.

Um die 60% zu überzeugen, muss also die Qualität rauf und der Preis runter!

Qualität rauf: Nachhaltigkeit muss liefern

Nachhaltigkeit ist längst nicht mehr nur eine Frage der richtigen Haltung. Sie ist eine Frage der richtigen Performance. Am Anfang der Bewegung war das anders. Jahrelang waren nachhaltige Konsumalternativen eine Frage des »Ob«. Man war ja froh, wenn es überhaupt welche gab! Deswegen war es in der Nische auch weniger schlimm, dass diese Produkte oftmals zu einem höheren Preis oder mit einer geringeren Qualität daherkamen. Für die Öko-Fans war das akzeptabel, sie unterstützen den Wandel aus Prinzip und freuten sich über die bloße Anwesenheit von nachhaltigen Alternativen in immer mehr Produktgattungen. Sie haben sie gekauft und werden das auch weiterhin tun.

Mit dem Verlassen der Nische ändern sich jedoch die Spielregeln. Für die 60% sind solche Qualitätsabstriche nicht akzeptabel. In diesem Fall greifen sie dann doch lieber zu konventionellen Produkten. Denn wer isst schon gerne eine zähe Tofu-Wurst oder einen Cashew-Käse, der nach allem schmeckt, nur nicht nach Käse? Es ist auch nicht okay, wenn das nachhaltige T-Shirt auf der Haut abfärbt. Und so schön und vernünftig ein E-Auto auch ist, die Reichweite muss natürlich stimmen.

Zum Glück lassen wir die Zeiten der grünen Mangelwirtschaft langsam hinter uns. Dank jahrelanger Investitionen kann man heutzutage zum Beispiel ein veganes Eis in Geschmack und Textur kaum mehr von einem konventionellen Eis unterscheiden. Dennoch ist Fakt, dass viele grüne Produkte bezüglich Qualität und Leistungsfähigkeit noch nicht an die konventionellen Produkte herankommen.

Aber die 60% machen keine Kompromisse für die grüne Sache. Nachhaltigkeit ist im Warenkorb der vielen Menschen von einer Frage des »Ob« zu einer Frage des »Wie« beziehungsweise »Wie gut« geworden. Und was glauben Sie, passiert, wenn bei minderer oder bestenfalls ebenbürtiger Qualität der Preis auch noch höher sein soll?

»

Kaum jemand ist bereit, einen Preisaufschlag zu zahlen. Dieses Preispremium sieht man im Moment nur für eine ganz enge Zielgruppe. Für die anderen muss es auf einem ähnlichen Niveau liegen wie für ein konventionelles Produkt.«

Jonas Spitra
Head of Sustainability Communications bei SCHOTT

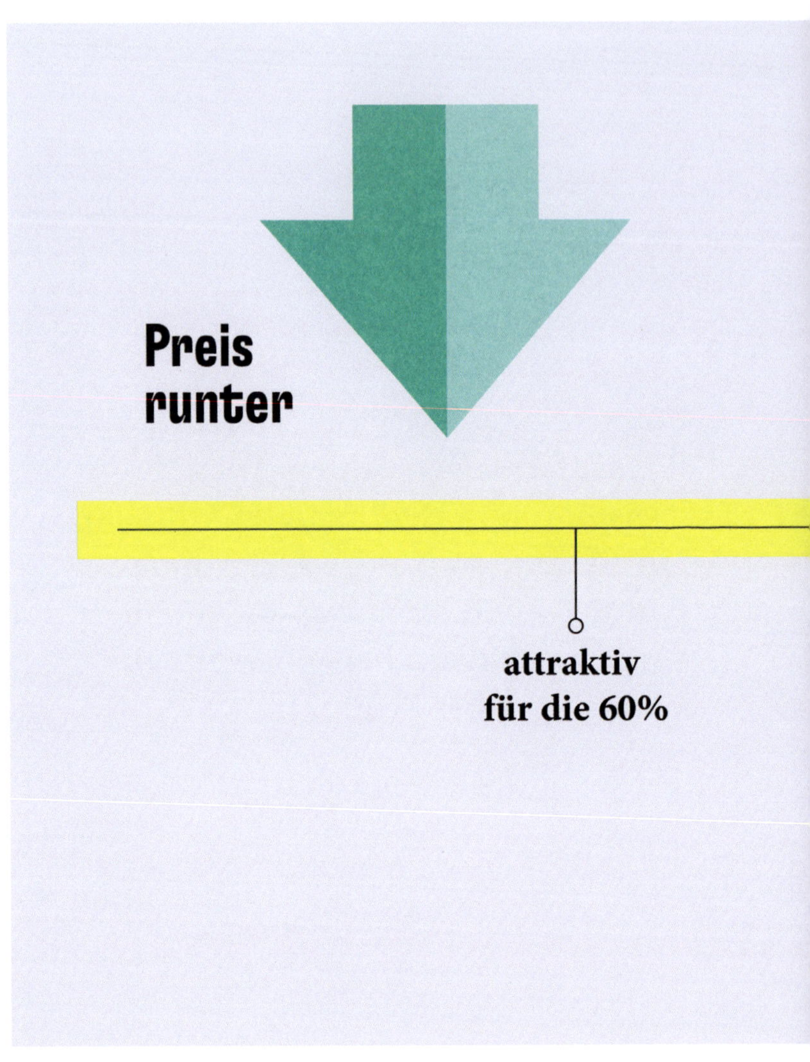

Abbildung 24: Für die 60% muss die Qualität rauf und der Preis runter

attraktiv
für die 60%
Qualität
rauf

Preise runter: Nachhaltigkeit ohne Aufpreis

Grüne Produkte kosten in der Regel mehr als ihre weniger nachhaltige Konkurrenz. Warum ist das eigentlich so? Die Gründe dafür sind divers, hier sollen exemplarisch nur ein paar gelistet werden:

Höhere Produktionskosten: Nachhaltige Produkte erfordern in der Regel umweltfreundliche Materialien oder Produktionsprozesse, die teurer sein können als konventionelle Materialien oder Methoden. Zum Beispiel können die Beschaffung von Bio- oder recycelten Materialien, die Implementierung erneuerbarer Energiequellen oder die Einhaltung strenger Umweltstandards die Produktionskosten erhöhen.

Eingeschränkte Skaleneffekte: Nachhaltige Produkte profitieren möglicherweise nicht von den Skaleneffekten, die Massenprodukte genießen. Hersteller nachhaltiger Waren arbeiten möglicherweise in kleinerem Maßstab, was zu höheren Stückkosten führt.

Zertifizierungen und Standards: Das Erlangen von Zertifizierungen oder das Erfüllen bestimmter Umweltstandards geht oft mit zusätzlichen Kosten für Tests, Audits und Compliance-Maßnahmen einher. Diese Kosten werden über höhere Preise an die Verbraucher:innen weitergegeben.

Innovation und Forschung: Die Entwicklung nachhaltiger Alternativen oder die Verbesserung bestehender Produkte, um Umweltkriterien zu erfüllen, erfordert Investitionen in Forschung und Entwicklung. Diese Kosten spiegeln sich im Endpreis nachhaltiger Produkte wider.

Faire Arbeitspraktiken: Faire Löhne und Arbeitsbedingungen für Mitarbeitende entlang der Liefer- und Wertschöpfungskette kann zu höheren Produktionskosten beitragen. Nachhaltige Produkte priorisieren oft ethische Arbeitspraktiken, was zu höheren Preisen führen kann.

So richtig und verständlich diese preistreibenden Ursachen sind – irgendjemand muss die grüne Transformation am Ende bezahlen.

Das Spiel »Grüner Peter«: Wer soll für ökologische Nachhaltigkeit zahlen?

Wer soll also für diese höheren Kosten zahlen? Oder wie Nadine Hess (CMO von der Einzelhandelskette Migros in der Schweiz) es formuliert:

> *»Wer zahlt wie viel vom Aufschlag für grüne Produkte? Ist es der Hersteller/Händler, indem er auf einen Teil der Marge verzichtet? Oder ist es der Endkunde, der dann mehr für die Produkte zahlt? Hier treffen unterschiedliche Ansichten aufeinander.«*

Aus der Unternehmensperspektive werden die höheren nachhaltigen Kosten durch höhere Preise an die Endkund:innen weitergegeben. Oder könnte man auch argumentieren, dass die Unternehmen eigentlich die höheren Kosten auffangen sollten, indem sie auf einen Teil ihrer Marge verzichten? Und welchen Teil des Kuchens schneidet sich eigentlich der Handel ab? Oder sollte das nicht viel besser der Staat lösen?

Das Spiel heißt »Grüner Peter«. Dabei wird die Verliererkarte zwischen Politik, Unternehmen, Handel und Kund:innen hin- und hergeschoben. Jeder passt auf, dass er sie nicht bekommt, beziehungsweise versucht, sie ganz schnell weiterzuschieben. Die Unternehmen wollen die Kostensteigerungen, die durch nachhaltige Produktion verursacht werden, an den Handel und die Kund:innen loswerden. Der/die Kund:in sagt, das sollen die Unternehmen/Händler bitte selber schultern. Der Handel verteilt seinerseits um. Alle wollen einen Teil der Vorteile, niemand seinen Teil der Kosten.

Oder kann die Politik einspringen und die großen systemischen Hebel umlegen? So prüft der Staat Frankreich zum Beispiel gerade, ob er Preisdumping im Bereich Fast Fashion, wie es von Billigplattformen wie Temu und Co ausgeht, durch Bußgelder unterbinden kann.[101] Dadurch will der französische Gesetzgeber andere Anbietern als Temu oder Shein ermöglichen, ihre eigentlich schon günstigen, aber im Vergleich zum Dumping Temus immer noch teureren Preise auch in Zukunft halten zu können.

Beim »Grünen Peter« zeigt sich, wie bei jedem Spiel, der wahre Charakter der handelnden Personen. Spannend in diesem Zusam-

Abbildung 25: Grüner Peter – oder wer trägt am Ende die Kosten für mehr Nachhaltigkeit?

menhang ist die Aktion »Wahre Preise« von Penny. Für einen limitierten Zeitraum setzte der Discounter Penny die Preise für ein paar ausgewählte Produkte hoch. Basierend auf einer Berechnung mit der Universität Greifswald und der technischen Hochschule Nürnberg wurde ein Preisaufschlag für ausgewählte Produkte berechnet, um den sozialen und ökologischen Auswirkungen dieser Produkte Rechnung zu tragen. Dies hat dann zum Beispiel dazu geführt, dass das Preisschild für einen Käse 4 Euro auswies anstatt 2,35 Euro. Die Differenz sind die wahren Kosten. Die Mehreinnahmen des Projektes hat Penny gespendet.

Das Konzept der wahren Preise wurde stark von den Medien aufgenommen und hat größtenteils eine positive Resonanz erzeugt. Penny hat mit dieser Aktion sicherlich auf die negativen Umweltauswirkungen von gewissen Produkten aufmerksam gemacht.

Die Stunde der Wahrheit schlägt aber erst dann, wenn man betrachtet, ob die Menschen außerhalb der Öko-Blase, und hier besonders die breite Masse, auch tatsächlich bereit waren, den Mehraufschlag für die Produkte zu zahlen. Das Experiment von Penny schreckte wohl doch viele Kund:innen preislich ab. Dies führte dazu, dass der Kauf der Produkte mit den »wahren Preisen« im Versuchszeitraum stark zurückging. Als Grund gaben 85% der Befragten an, dass ihnen die Produkte zu teuer waren. Nur ein veganes Produkt war von dem Rückgang nicht so stark betroffen, aber dies kann man wohl darauf zurückführen, dass hier der Preisunterschied marginal war.[102] Dies deuten wir als klaren Indikator, dass die breite Masse nicht bereit ist, den »Grünen Peter« zu ziehen und die Kosten der nachhaltigen Transformation zu tragen. In vielen Fällen ist es aber womöglich nicht die Frage, ob sie diesen Preis zahlen will, sondern ob sie es kann.

Auf der einen Seite sind die meisten Menschen also nicht bereit oder in der Lage, für grüne Produkte tiefer ins Portemonnaie zu greifen. Auf der anderen Seite kosten nachhaltige Produkte einfach mehr. Was ist hierbei die Rolle vom/von der CMO, und wie kann sie oder er diesen Konflikt auflösen?

Bezahlbare, qualitativ hochwertige Nachhaltigkeit – Make it happen!

Einer der obersten Jobs der grünen CMOs mit Blick auf die breite Masse heißt ganz klar: Preise runter. Das Marktforschungsmärchen von der Zahlungs- und Aufpreisbereitschaft der Konsument:innen, für nachhaltige Angebote tiefer in die Tasche zu greifen, gehört ins Reich der Fantasie, aber nicht in den Bereich der 60%. Und es gibt sie, die Beispiele, die zeigen, dass es geht.

So gibt Burger King seinem fleischfreien Portfolio die eingebaute Preis-Vorfahrt. Seit März 2024 dürften auch den letzten Plant-based-Muffeln die Ausreden fehlen: Jedes pflanzliche Alternativprodukt ist ab jetzt 10 Cent günstiger als sein fleischbasierter Namensvetter. Burger King Deutschland CEO Dr. Jörg Ehmer ordnet den Schritt so ein:

> *»Als Vorreiter bieten wir das mit Abstand größte pflanzenbasierte Sortiment in der deutschen Systemgastronomie – und jetzt sogar mit einem Preisvorteil. Wir setzen damit einen starken Impuls, um Plant-based auszuprobieren.«*[103]

Damit wird der Probierreiz noch weiter erhöht und die 60% optimal adressiert. Preise runter? Geht!

Auch Planted, eine Schweizer Marke, die pflanzliche Alternativen zu tierischem Fleisch anbietet, will den Beweis antreten: Im März 2024 launchte sie ein neues pflanzenbasiertes Steak, das im Geschmack, aber vor allem auch Textur absolut überzeugend sein soll.[104] Eingeführt bislang nur in der Gastronomie, soll der Schritt in den Verkauf an private Haushalte bald folgen. Und dabei wird das Pflanzensteak günstiger sein als sein Pendant aus Fleisch, lässt sich Planted-Mitgründer Christoph Jenny zitieren.[105] Und besser schmecken soll es auch noch. Können hier die 60% widerstehen?

Die Beispiele zeigen: Wer günstiger anbieten will, der kann es offensichtlich. Mit zunehmender Nachfrage von nachhaltigen Produkten werden sich Skaleneffekte und durch Fortschritte in den Technologien Effizienzen in den Produktionsprozessen realisieren lassen, die sich in Zukunft in niedrigeren Preisen ausdrücken werden.

Doch auch wenn der absolute Preisvorteil in naher Zukunft noch nicht realisierbar ist, muss man den Kopf nicht in den Sand stecken. Es gibt ja zum Glück auch noch Situationen, in denen die 60% freiwillig mehr zahlen.

Wann zahlen die 60% freiwillig mehr für ein grünes Produkt?

Zahlt irgendjemand ein Preispremium für grüne Produkte, außer den Öko-Fans? Es gibt nur einen Grund, warum die breite Masse freiwillig mehr für ein Produkt zahlt. Und das ist, wenn es sich um eine starke Marke handelt. Die Marke kann hier für die unterschiedlichsten Sachen stehen: für eine herausragende Qualität und damit Entscheidungssicherheit (Elektroautos von Volkswagen statt von günstigen, aber unbekannten Newcomer-Marken), eine Marke, mit der sie sich identifizieren kann und die ihren angestrebten Lifestyle untermauert (Oatly Hafermilch im Vergleich zur Discounter-Eigenmarke), oder eine Marke, die eine Haltung und einen Blick in die Zukunft bietet, die sie begeistert (Patagonia im Vergleich zur meinungslosen Funktionsklamotte). Hier werfen die 60% ihre Preissensibilität über Bord und zahlen freiwillig mehr für ein grünes Produkt. So ist ein Audi e-Tron, also ein Elektroantrieb, nicht günstiger als ein konventioneller Verbrenner des Ingolstädter Autobauers. Oder ein Schal von Burberry aus Bio-Wolle genauso teuer oder teurer als der konventionelle.

Die wichtige Botschaft, die jetzt hoffentlich niemanden demoralisiert: Dieser Weg steht theoretisch jeder Marke offen, aber praktisch dauert es Jahre konsequenter Investition in Image und Haltung, um eine solche starke Marke zu werden. Oder andersrum gesagt: Wer jetzt noch keine starke Marke ist, wird über Nacht keine werden. Hier rächt es sich, dass viele der grünen Pioniere den Aufbau echter Markenpersönlichkeiten nur stiefmütterlich betrieben haben.

CMO-Job #5

Die Extrameile gehen: Nachhaltigkeit ist kein Sprint, sondern ein Marathon

Ausgangslage Nachhaltigkeit kann man nicht auf die Schnelle nebenbei absolvieren. Transformation ist echte Sisyphusarbeit, bei der man mit Fehlern und Rückschlägen rechnen muss. Dafür braucht man einen langen Atem.

Das 60%-Potenzial Für die 60% ist eine nachhaltigere Konsum- und Alltagswelt ebenfalls ein Weg, und sie erwarten keinen Perfektionismus – weder von sich selbst noch von Unternehmen.

Umsetzung Mit dem 60%-Wissen können CMOs souverän mit dem Noch-nicht-Fertigen, mit dem Unperfekten umgehen – bei gleichzeitiger Aufrechterhaltung höchster Ambition. Es ist okay, auf dem Weg zu sein. Es ist aber nicht okay, stehen zu bleiben.

Waren Sie schon einmal auf einer mehrtägigen Wanderung? Egal, wie weit Sie schon gekommen sind, der Horizont vor Ihnen wandert immer mit. So ähnlich verhält es sich auch mit ökologischer Nachhaltigkeit. Sie bleibt ebenfalls in ständiger Bewegung und ist kein erreichbarer Endzustand.

Dafür ist das Feld viel zu tief und zu breit: In jedem Thema gibt es Evolutions- beziehungsweise Ausbaustufen, die man nacheinander abarbeiten muss. Und selbst wenn man das eine Thema vollumfänglich abgehandelt hätte, kommt sofort das nächste auf, das angegangen werden kann und muss. Auf CO_2-Reduktion folgt Mehrweg, folgt Mikroplastik, folgt Biodiversität. Egal, in welcher Rangordnung und Reihenfolge. Die Liste der zu erledigenden Sachen hört nicht auf. Nachhaltigkeit ist gekommen, um zu bleiben. Und uns auf Trab zu halten!

Wir konzeptionieren hier also keine saisonale Kampagne und auch keine Jahreskommunikation, sondern eigentlich geht es hier um eine Kommunikation über Dekaden hinweg. Es reicht demzufolge nicht,

Es geht darum, langfristig im Spiel zu bleiben und nicht nur kurzfristig Vertriebserfolge zu feiern.«

Kerstin Erbe
Geschäftsführerin bei dm

Nachhaltigkeitskommunikation funktioniert anders, weil du ja immer auf den nächsten Teilerfolg wartest und trotzdem schon was sagen musst, sonst könntest du ja nie anfangen. Hier müssen wir von Start-ups lernen!«

Jonas Spitra
Head of Sustainability Communications bei SCHOTT

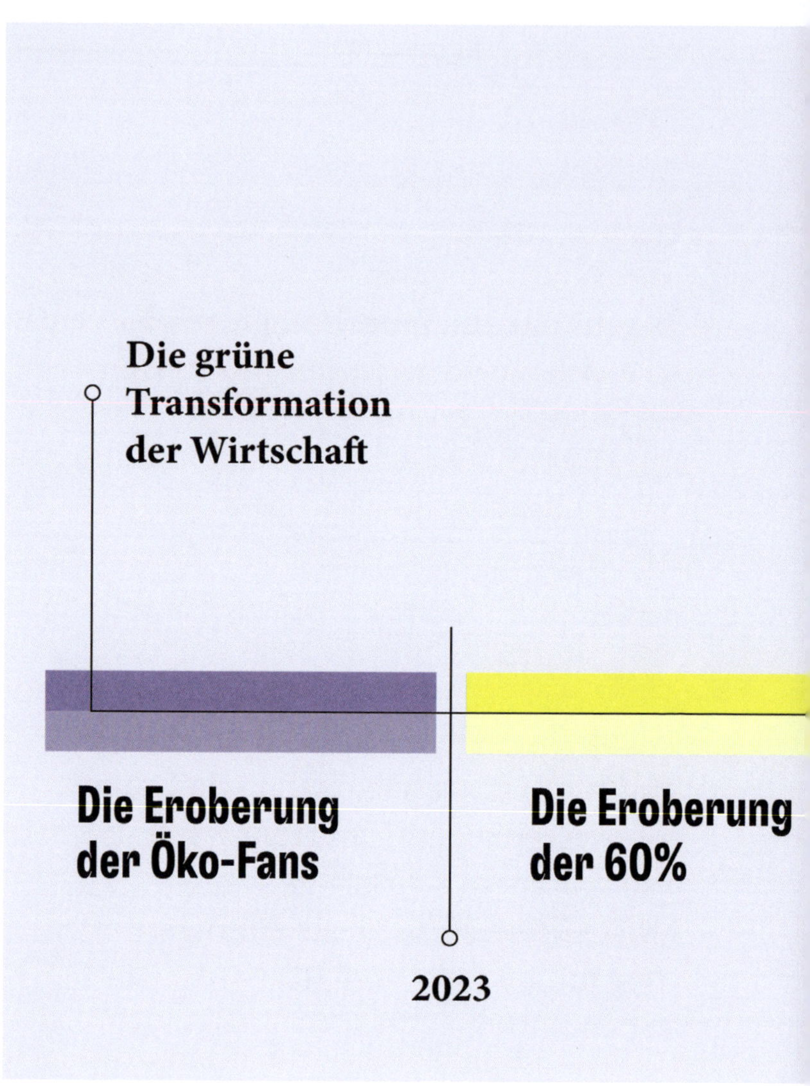

Abbildung 26: Die Eroberung der 60% ist ein Marathon

eine temporäre Projektgruppe einzusetzen, sondern man muss Arbeitsweisen und Ressourcen langfristig ausrichten, um wirklich einen Schritt nach dem anderen nach vorn machen zu können.

Von der Ereignis- zur Prozesskommunikation

Prozesskommunikation ist anders als das, was man im klassischen Marketing normalerweise tut. Denn eigentlich ist das Marketingteam darauf trainiert, Ereignisse und Produkte zu kommunizieren, wenn sie fertig sind beziehungsweise eine baldige Fertigstellung verbindlich anzukündigen ist (das heißt Ereigniskommunikation). Ereigniskommunikation ist punktuell, wird oftmals absolut ausgedrückt und kann in einem Sprint abgewickelt werden.

Aber nachhaltige Errungenschaften sind selten abgeschlossen, sondern sie sind meistens eingebettet in einen langfristigeren Plan. Und innerhalb dieses Plans stellen sie lediglich eine Stufe dar, und die nächsthöhere Ausbaustufe ist bereits in Sicht. Das Gefühl kennen sicherlich viele von Ihnen. Sie haben die Stufe »Klimaneutral« pünktlich geschafft, aber mit einem hohen Anteil an Kompensation? Okay, die nächste Stufe lautet: Erhöhe den Anteil echter Reduktion! Sie haben das Gros Ihrer Lebensmittel veganisiert? Super, aber sofort kommt die nächste Challenge: Nun reduzieren Sie die Zusatzstoffe.

Der Erfolg ist in der Regel nur zeitlich begrenzt, denn es gibt immer eine nächste grüne Herausforderung. Und damit ist Marketing und Kommunikation für Nachhaltigkeit eben kein Sprint, sondern ein Marathon. Die dafür nötige Prozesskommunikation ist langfristig ausgelegt und beschreibt immer nur eine relative Errungenschaft zu einem bestimmten Zeitpunkt, eine Momentaufnahme der nachhaltigen Entwicklung. Diese muss ständig aktualisiert werden in Bezug auf den neuesten Stand des nachhaltigen Fortschritts, der dann seinerseits wieder nicht lange halten wird. Ein Prozess eben.

Ereigniskommunikation	Prozesskommunikation
Punktuell	Langfristig
Absolut	Relativ
Sprint	Marathon

Tabelle 4: Unterschiede zwischen Ereignis- vs. Prozesskommunikation

Jonas Spitra ist verantwortlich für die Nachhaltigkeitskommunikation bei SCHOTT, bekannt als eines der führenden Unternehmen für die Herstellung von Glas und Keramik. Damit ist er Chronist einer Mammutaufgabe: Denn die Glasindustrie ist einer der energieintensivsten Industriezweige weltweit, bei deren Produktion hohe CO_2-Emissionen anfallen. Glas zu schmelzen, ist aber nicht nur energieintensiv, es ist auch ein komplexer Prozess. Die Einführung neuer nachhaltiger Technologien zur Dekarbonisierung, noch dazu im laufenden Betrieb, ist eine enorme Herausforderung. Eine Glaswanne kann man nämlich nicht mal eben abstellen. SCHOTT verlangt also sowohl der Technik und den Maschinen als auch den Prozessen und den Menschen einiges ab.

Für SCHOTT geht es also um Etappenziele, da man sich klar darüber ist, dass man das Ziel nicht so schnell erreichen wird – SCHOTT bewegt sich also von der Ereignis- zur Prozesskommunikation.

> *»Es muss uns gelingen, das Unfertige als Challenge und Chance und nicht als Versäumnis zu inszenieren. Es ist unsere Aufgabe in Marketing und Kommunikation, der Öffentlichkeit Respekt für den Status quo abzuringen.«*
>
> *Jonas Spitra, Head of Sustainability Communications bei SCHOTT*

Es ist ein utopischer Anspruch, dass man jemals bei 100% ist. Man ist eigentlich immer auf dem Weg. Und so kommunizieren es mittlerweile auch viele Unternehmen. Der Onlinehändler Otto verkündete zum Beispiel: »Veränderung beginnt bei uns.« Und der schwedische

Fast-Fashion-Konzern H&M titelt »Let's change« und räumt damit ein, dass dieser »Change« noch im Gange ist.

Dieses Auf-dem-Weg-Sein ist für die 60% in Ordnung. Denn sie wissen, dass sie auch nicht perfekt sind – sie sind ebenfalls auf dem Weg und nicht zu 100% konsistent in ihrem Verhalten. Deshalb ist es auch bei Unternehmen für sie in Ordnung, unter der Voraussetzung, dass diese es nicht übertreiben und ihre Anstrengungen und Fortschritte kommunizieren. Nadine Hess (CMO von Migros) ist es wichtig, nicht zu streng mit sich selbst zu sein:

> *»Man kann nicht verlieren, wenn man ehrlich ist. Es ist unmöglich, alles perfekt zu machen, aber aus meiner Sicht kommen wir schon einen guten Schritt weiter, wenn sich alle auf den Weg machen.«*

Zwei interessante Beispiele, die den Marathon der nachhaltigen Transformation in ihrer Branche schon längere Zeit und durchaus sehr erfolgreich laufen, kommen von der Rügenwalder Mühle und aus dem Hause Unilever. Bei beiden wird deutlich: Transformation braucht Konsequenz und Zeit.

Beispiel Rügenwalder Mühle: Zehn Jahre, um den Schinken aus dem Spicker zu holen

Rügenwalder Mühle ist für viele der absolute Klassensprecher der kommerziell erfolgreichen Portfoliotransformation. Es ist ein Best Case für jede:n Unternehmenslenker:in, wenn es darum geht, das eigene Portfolio in eine nachhaltige Zukunft zu entwickeln. Im Herbst 2014 launcht das Haus seine erste vegetarische Produktrange, bestehend aus Schnitzel- und Wurstimitaten. Seit 2015 gibt es dann fleischfreie Frikadellen, Hamburger und Hack – es läuft einfach zu gut ohne Fleisch!

Seitdem ging es mit wenigen Dellen immer steil bergauf. Befragt nach der eigenen Vision antwortete das Unternehmen 2015, es könne sich vorstellen, bis 2020 rund ein Drittel seines Umsatzes mit fleischfreien Artikeln zu erzielen.[106] Damals haben die meisten dies wohl eher als eine Utopie abgetan.

Rügenwalder Mühle zeigt es jedoch ihren Kritiker:innen: 2021 machte das Unternehmen mehr als 50% Umsatz mit veganen und vegetarischen Fleischalternativen. Im Jahr 2024 steht es bereits 60% zu 40% für die Fleischersatzprodukte. Im Januar desselben Jahres fand die Transformation einen vorläufigen Höhepunkt darin, dass bei einem der Top-Seller des Hauses, dem Schinken Spicker, die klassische Fleischvariante nach zehn Jahren Parallelexistenz nun tatsächlich ausläuft, das Produkt also »vegan only« weitergeführt wird.

Mission accomplished – so einfach kann es gehen, könnte man denken. Doch was viele vergessen: Der deutsche Marktführer für vegane Fleischersatzprodukte hat diesen Erfolg nicht geschenkt bekommen, sondern sich über zehn Jahre konsequent erarbeitet. Dabei dürften die drei folgenden Aspekte eine besonders wichtige Rolle gespielt haben:

Für die 60% Du entscheidest flexibel, was du isst. Die Wurstmacher aus Bad Zwischenahn haben nie einen Hehl daraus gemacht, wo sie herkommen. Sie sind Fleischer seit 1834. Seit der Einführung der Pflanzenwürste punkten sie nun mit diesem schlauen dualen System: Sie machen das Alte ganz locker weiter und ziehen das Neue additiv dazu hoch – gänzlich undogmatisch. Völlig unverkrampft. Damit erteilen sie der großen Masse der 60% die Absolution: Du bist okay, so wie du (b) isst. Du hast manchmal Appetit auf richtige Wurst? Das können wir verstehen und bedienen. Aber wenn du mal etwas Neues ausprobieren möchtest – wir sind für dich da! Wir sind gemeinsam auf dem Weg.

Für die 60% Es schmeckt gut, und du bekommst die gewohnte Qualität. Geschmack, Textur, Aussehen, Verpackung, Namen – auf fast allen Dimensionen erkennt man ganz offensichtlich die Nähe zu den fleischigen Verwandten von veganer Wurst, Frikadelle und Co. Der Erfolg der Fleischer mit dem Mühlenzeichen basiert auf einem zehnjährigen Innovationsmarathon. Die Produkte sehen sich zum Teil zum Verwechseln ähnlich, und das ist mit Blick auf die 60% auch gut, denn es bedeutet so wenig wie möglich Aufgabe liebgewonnener Essgewohnheiten. Auch im Preis sind die entwicklungsaufwendigen pflanzenbasierten Innovationen nur geringfügig teurer. Das macht die Eintrittsbarrieren niedrig und die Probierbereitschaft hoch.

Ein zehnjähriger Marathon: Der Mittelständler hat den Trend nicht einfach nur geritten, sondern auch geprägt. Mit unglaublicher Investitionsbereitschaft und Innovationsfreude wurde der Markt über zehn Jahre nicht nur quantitativ, sondern auch qualitativ verändert. Zu erwähnen ist hier zum Beispiel die Investition in den Anbau von deutschem Soja, was die Nachteile des riesigen Rohstoffbedarfs an Soja und dessen negative ökologischen und sozialen Begleiterscheinungen in den ursprünglichen Anbaugebieten im globalen Süden auffangen soll[107].

Rückblickend liest sich die Geschichte der Rügenwalder Mühle wie das Drehbuch für den Wandel westlicher Essgewohnheiten. Doch wer hätte das vor zehn Jahren so vorhersagen können? Auffällig ist die scheinbar traumwandlerisch sichere 60%-Passung: Die Niedersächs:innen haben es geschafft, beide Essformen gleichberechtigt nebeneinanderzustellen, ohne dass der Erfolg der einen den der anderen in Misskredit bringen würde. Flexitarismus in Reinkultur. Und was am wichtigsten ist: Es werden keine Kompromisse bei den pflanzenbasierten Alternativen gemacht. Der Erfolg gibt ihnen Recht.

Beispiel Unilever: Fünf Jahre, um die Kuh vom Eis zu holen

Ein gutes Eis besteht der landläufigen Meinung folgend aus guter Milch. Und die ist nicht unbedingt ein Segen für die Umwelt. Pflanzliche Alternativen hingegen (zum Beispiel Hafer- oder Erbsenmilch) haben im Vergleich zu Milcherzeugnissen einen deutlich kleineren CO_2-Fußabdruck.[108]

Als größtes Speiseeisunternehmen der Welt hat Unilever eine große Verantwortung, unbeschwerte, »grüne« Eisfreude zu verbreiten. Dazu gehört die Entwicklung des eigenen Angebotes zu pflanzenbasierten Alternativen zwingend dazu. Konkret hat sich Unilever für seine gesamte Lebensmittelsparte dazu verpflichtet, bis 2025 jährlich 1,5 Milliarden Euro Umsatz mit pflanzlichen Produkten in Kategorien zu erzielen, deren Produkte traditionell tierische Inhaltsstoffe verwenden. Dies schließt die Kategorie Eis im Portfolio des Hauses mit ein.

Pionierarbeit in der Öko-Nische

Den Anfang konnte nur eine Marke aus dem Portfolio des Konzerns machen: Ben & Jerry's betrat als Erste das pflanzenbasierte Parkett und startete die Reise bei den Öko-Fans. Nur eine Marke wie Ben & Jerry's, die sich durch kontinuierliches soziales Engagement eine hohe Glaubwürdigkeit erarbeitet hatte, konnte die Konsument:innenwünsche der Nische nach veganem Genuss glaubhaft bedienen und nahm hier eine entscheidende Vorreiterrolle für Unilevers Eisportfolio ein.

Am Anfang waren die veganen Alternativprodukte des Hauses bei Weitem nicht die besseren Produkte. Die frühphasigen Innovationen kamen immer mit einem Kompromiss für die Kund:innen: Denn sie

Abbildung 27: Beispiel 2021: »Grüne« Schlüsselbegriffe, wie vegan, und grüne Farbmotive stehen im Vordergrund (© Magnum Unilever)

Abbildung 28: Beispiel 2024: »Grüne« Schlüsselbegriffe und -motive treten in den Hintergrund (© Magnum Unilever)

schmeckten nicht besser. Die Textur hatte nicht die gewohnte Cremigkeit. Der Preis war spürbar höher. Und die Verfügbarkeit war noch eingeschränkt, da der Handel vom Trend noch nicht voll überzeugt war.

> *»Das war nicht einfach nur das Bedienen eines aufkommenden Trends. Das war das Aufbauen eines neuen Marktes, Schritt für Schritt – beginnend in der Zielgruppe, die dafür offen war, aber immer mit dem Ziel, ein attraktives nachhaltiges Angebot für die breite Masse zu kreieren.«*
>
> *Christiane Haasis, Head of Icecream DACHBNX*

Vanille ist unter allen Eissorten die Nummer eins der Deutschen.[109] Mit der Veganisierung ihres »Cremissimo Bourbon Vanille« machten die Hamburger:innen den Schritt ins geschmackliche Epizentrum der 60%.

Und genau hier entscheidet es sich: Der Geschmack des Produktes wurde über die Jahre ausoptimiert. Der Vertrieb wurde hochgefahren und die Verfügbarkeit ausgeweitet. Das Produkt ist bei den Großen der Branche gelistet und sauber platziert. Mit dem Umschalten von Nischen- auf Massenmarketing wurden alle Marketing-Ps (das heißt Produkt, Preis, Kommunikation und Distribution) für die 60% angepasst.

Alle? Ja, wirklich alle – auch der Preis.

Unilevers pflanzenbasierte Alternativen in der Masse sind mittlerweile auf dem gleichen Preisniveau wie die vertrauten konventionellen Produkte. Das war gar nicht einfach, denn wie alle Marktteilnehmenden standen auch die Hamburger:innen vor folgendem Dilemma: Nachhaltigkeit bedeutet einfach viel höhere Kosten in Materialien, Lieferkette et cetera, die man an die Kund:innen in den 60% nicht so ohne Weiteres weitergeben kann.

> *»Umweltpositive Zutaten sind teurer. Wir haben im veganen Sektor immer noch Preispunkte, die kein normaler Mensch bereit ist, zu bezahlen. Und hier trennt sich eben die Spreu vom Weizen. Wer pflanzenbasierte Milchalternativen wirklich in die Masse bringen will, muss eine Entscheidung treffen und durchziehen: Demokratisierung auch im Preis.«*
>
> *Angela Nelissen, Head of Icecream DACHBNX*

Den anfänglichen Sorgen vieler probierwilliger Kund:innen, ob das Preis-Leistungs-Verhältnis wirklich stimmt, also ob die vegane Alternative bei gleichem Preis auch wirklich den gleichen Geschmack hat, begegnete Unilever konsequent mit Marketingtools wie der Abgabe einer »Geschmacksgarantie«. Damit sollten die Qualitätsbedenken der 60% ausgeräumt werden, und diese existieren nun mal gegenüber veganen Produkten. So bewegt sich das vegane Cremissimo Schritt für Schritt weiter in die 60% vor.

Accidentally vegan in der Kommunikation

Für einen Erfolg von veganem Eis bei den 60% darf der Preis nicht höher, das Produkt im Geschmack nicht anders und der Vertrieb nicht nischiger sein. So weit, so gut, aber es fehlt eine weitere Komponente: Vor allem sollten auch in der Kommunikation die typischen Stereotype einer bemühten heilen Nachhaltigkeitswelt ausbleiben.

Dazu lassen die Marketingstrateg:innen von Unilever die grünen Schlüsselbegriffe und -motive in der veganen Linie ihres Flagship-Produkts Magnum über die Jahre in den Hintergrund treten, was ein Blick auf die Produktkampagnen veganer Magnum-Sorten über die letzten Jahre zeigt (siehe Abbildung 27 und 28). In den Motiven des Jahres 2021 wird »vegan« noch stark in den Vordergrund gestellt, und dieser Begriff soll mit »Genuss« aufgeladen werden. Aus unseren Insights für die 60% wissen wir jedoch, dass »vegan« garantiert mit vielem verbunden wird, aber für die 60% in der Regel nicht mit Genuss. Außerdem ist die Kampagne mit einem schönen, nachhaltigen Grün hinterlegt. Steckte Magnum hier eventuell in der Öko-Falle?

Die jüngste Krone der veganen Magnum-Schöpfung verzichtet in 2024 gänzlich auf Öko- beziehungsweise Bio-Motive, wir sehen hier keine Blüten oder Blätter. Statt bemühtem Grün wurde ein stylisches Violett gewählt. Raffinierter Genuss und Verwöhnung stehen allein im Vordergrund. Der Hinweis »Vegan« ist auf ein absolutes Minimum in der rechten oberen Ecke geschrumpft.

Das ist die vorläufige Endetappe eines fünfjährigen Marathons: Vegan ist man einfach, man spricht nicht mehr darüber. Und das ist richtig, denn für die 60% ist es nicht kaufentscheidend.

Kapitel 7

Das 60%-Potenzial für unterschiedliche Anspruchsgruppen

Durch das 60%-Potenzial können wir die breite Masse bezüglich grünen Konsums besser verstehen. Wir können einordnen, wie augenscheinlich inkonsistent sie sich verhält und wieso das für sie gar keine Inkonsistenz ist. Dies gibt dem Marketing und damit auch dem oder der CMO direkte Einblicke in die breite Masse, die es jetzt zu gewinnen gilt.

Diese Insights über die 60% können jedoch auch von anderen Anspruchsgruppen genutzt werden. Da sind zum Beispiel die Nachhaltigkeitsabteilungen, die ihr Engagement ebenfalls kommunizieren müssen – ganz unabhängig davon, ob ihr Unternehmen ein Sustainable Native oder ein Sustainable Immigrant ist. Gleichwohl gelten für jede dieser beiden Unternehmensformen nochmal eigene Implikationen, die im Folgenden ebenfalls kurz betrachtet werden. Schließlich profitieren auch Politiker:innen davon, Nachhaltigkeit mit den Augen der 60% sehen und verstehen zu können. Denn die richtige Ansprache entscheidet darüber, ob umweltpolitische Initiativen nicht nur in der Sache gut gemeint, sondern auch in der Kommunikation gut gemacht sind.

Die 60% für die Politik

Ökologische Nachhaltigkeit ist ein Thema, das die politische Agenda stark bestimmt. Ganz ähnlich wie im Konsumgütermarkt hat es sich auch hier raus aus der Nische und auf die Top-Agenda der politischen Arena bewegt. Ursprünglich als Kernthema und »Unique Selling

Abbildung 29: Wer alles mit dem 60%-Potenzial arbeiten kann

Point«, USP, der grünen Parteien gestartet, hat es im Parteiprogramm beinahe jeder anderen Partei auf die eine oder andere Weise Einzug gehalten. Alle haben realisiert: Themen wie Extremwetterereignisse aufgrund des Klimawandels, Artensterben vor der eigenen Haustür oder Mikroplastik im Essen sind in der Masse angekommen und müssen von der Politik behandelt werden. So rangiert Umwelt- und Klimaschutz im DeutschlandTrend, einer Befragung, die das Institut Infratest dimap im Oktober 2023 durchgeführt hat, auf Platz 2, überschattet nur vom Thema Migration und Zuwanderung.[110] In den Jahren davor dürfte das Thema Gesundheit und Infektionsschutz, in den Anfangsmonaten 2024 wiederum das Thema Sicherheit und Bewaffnete Konflikte ebenfalls weit oben stehen, aber Umwelt- und Klimaschutz hat einen festen Platz in den Top 3 der wichtigsten Handlungsfelder.

Dass man es hinsichtlich der 60% trotzdem in den Sand setzen kann, zeigt ein Blick auf das Gebäudeenergiegesetz (GEG), dem sogenannten »Heizungsgesetz«, dessen Entstehen und vor allen Dingen dessen Kommunikation vielerorts als Debakel empfunden wird.[111] Spätestens mit dem Prädikat »Heizhammer« seitens der *BILD-Zeitung* war klar, dass dieses Gesetz den Nerv der 60% nicht treffen wird.

Keiner unserer Customer Insights für die 60% scheint hier berücksichtigt worden zu sein. Das Heizungsgesetz steht unter anderem für Verzicht, Verteuerung und Veränderung. Es wurde versäumt, den individuellen Vorteil für die Gesellschaft, aber noch viel wichtiger für die Menschen zu erklären. Statt emotionaler Lust erzeugte man rationalen Frust.

Die großen Volksparteien scheinen dabei noch am besten verstanden zu haben, dass die 60% in einer anderen Lebensrealität als die Öko-Fans leben: Entweder ist ökologische Nachhaltigkeit nicht ihr Nummer-eins-Entscheidungskriterium, oder sie sind in ihren finanziellen Mitteln beschränkt. Je nach eigener politischer Agenda kann man mit diesem Wissen Stimmung machen mit dem Ziel, die breite Masse, das heißt die 60%, hinter sich zu versammeln. Dabei wird der »Grüne Peter« je nach Wahlprogramm zwischen den Anspruchsgruppen munter hin- und hergeschoben.

Auch die Gruppierung um die Klimakleber:innen scheint verstanden zu haben, dass sie an die 60% ranmüssen, um wirklich einen Unterschied zu machen. Denn ohne deren Unterstützung geht es nur sehr schleppend voran. Mit ihren Aktionen haben sie nur von einer sehr kleinen Randgruppe Anerkennung und Unterstützung bekommen. Der Großteil der Menschen reagierte mit Unverständnis, denn sie wollen und müssen ja zum Beispiel möglichst schnell zu ihrem Arbeitsplatz kommen. Der Ansatz ist nicht massenfähig, er ist viel zu radikal. Genauso wenig wie streng vegane Influencer:innen für die breite Masse funktionieren, resonieren auch andere extreme Positionen nicht. Sie wirken hier eher abschreckend. Daher verwundert es nicht, dass die Klimakleber:innen verkündet haben, künftig eher in einen Gesprächsdialog gehen zu wollen, statt sich weiter festzukleben.[112] Sie haben verstanden, dass sie für ihre Ziele die breite Masse brauchen.

Politiker:innen und politische Vereinigungen haben unser 60%-Potenzial schon oftmals intuitiv verstanden – was können sie dennoch davon lernen?

Hier ein paar Vorschläge

Für das 60%-Potenzial darf man sich nicht in den Extremen abarbeiten: Unser 60%-Potenzial führt nochmals vor Augen, dass es eine breite Masse gibt, die oftmals in der medialen Diskussion untergeht. Wir geben ebendieser grauen Masse einen Namen und machen sie dadurch sichtbar. Für diese Menschen muss Politik gemacht werden. Hier liegt das Potenzial für Wähler:innenstimmen und für die Umwelt.

Die 60% gewinnt man nicht mit Verzichtsparolen: Verzichtsparolen mögen sicherlich richtig sein. Faktisch kann man diese auch begründen. Ohne den Verzicht auf das ein oder andere liebgewonnene Althergebrachte geht es nicht. In der Politik wird man auch nicht müde, dies zu wiederholen. Aber niemand verzichtet gerne. Gewinnt man also Menschen mit Verzichtsparolen? Für die 60% wirken Verzicht und abstrakte Katastrophenszenarien nicht sonderlich gut. Was besser wirkt: Wenn ihnen positiv Lust auf einen Wandel gemacht wird. Denn nur gemeinsam können wir die grüne Zukunft gestalten.

Trotz aller Umfragewerte steht für die 60% der individuelle Vorteil im Vordergrund: Die 60% sehen nicht wie die Öko-Fans ökologische Nachhaltigkeit als den wichtigsten Entscheidungsfaktor an. Sie fragen vor allem nach ihrem persönlichen Vorteil, der sich zum Beispiel durch eine Geldersparnis, Bequemlichkeit oder andere relevante Nutzendimensionen auszeichnen kann. Dieser persönliche Vorteil wiegt stärker als die Rettung der Welt. Wenn der eigene Vorteil dann auch noch einen ökologischen positiven Effekt hat, umso besser! Wenn der persönliche Vorteil ausbleibt und in der Wahrnehmung stattdessen sogar ein handfester Nachteil droht, dann kommt vehementer Widerstand. Denn wer lässt sich schon gerne etwas wegnehmen oder verbieten?

Die 60% und die Nachhaltigkeitsabteilungen

Arbeiten Sie in einer Nachhaltigkeitsabteilung? Dann sind Sie in unserer Sprache höchstwahrscheinlich ein Öko-Fan. Getrieben von Ihren nachhaltigen Überzeugungen setzen Sie diese in Ihrem Privatleben und in Ihrem Arbeitsleben um. Dabei legen Sie natürlich und freiwillig ein Verhalten an den Tag, das Ihrer Einstellung (das heißt, ökologische Nachhaltigkeit ist wichtig) entspricht. Und das ist auch gut so, da Sie als begeisterter Mensch die grüne Transformation innerhalb und außerhalb des Unternehmens vorantreiben. Und somit auch auf den Märkten.

Nachhaltigkeit in Unternehmen hat sich dabei längst aus der eher theorielastigen Rolle einer Stabsstelle herausentwickelt. Diese war in der Vergangenheit oftmals fachbereichsübergreifend und häufig nah zum Vorstand aufgehängt, hatte breites Überblickswissen und eher den Charakter einer beratenden und entscheidungsvorbereitenden Rolle.

In vielen Unternehmen wird sie heute aber als angewandte Nachhaltigkeit gelebt und hat damit einen praktischen Einfluss auf entscheidende Funktionsbereiche. Das heißt, Nachhaltigkeitsmanager:innen findet man an allen Punkten der Wertschöpfungskette und eben nicht mehr nur in einer generalistischen CSR- oder Nachhaltigkeitsabteilung. Das ist auch gut so, denn die nachhaltige Transformation braucht fachspezifisches Tiefenwissen, um erfolgreich zu sein. So gibt es heute Spezialist:innen für Nachhaltigkeit zum Beispiel in Einkauf und Beschaffung mit der enorm wichtigen Aufgabe, die Lieferantenstruktur sozial und ökologisch auf den neuesten Stand zu bringen. Diese Kompetenzen unterscheiden sich natürlich von Nachhaltigkeitsexpert:innen zum Beispiel in der HR-Abteilung, deren Fokus und Kompetenz darauf liegt, Arbeitsabläufe und Zusammenarbeitsroutinen in ihrer Umweltbilanz zu optimieren und Nachhaltigkeit als Faktor der Mitarbeiterattraktivität zu steigern. Ein anderer Einsatzbereich ist zum Beispiel Nachhaltigkeitsexpertise in Finanzen und Controlling, in denen es darum geht, Umwelt- und Sozialfaktoren in Bilanzierung und Reporting des Unternehmens zu integrieren und zu optimieren.

An allen Stellen eines Unternehmens gibt es also Nachhaltigkeitsmanager:innen. Trifft eine der Rollen auf Sie zu? Sehr gut. Doch egal, wo Sie Ihren Einfluss geltend machen, Sie alle laufen Gefahr, in die Öko-Falle zu tappen.

Denn die Breite der Nachhaltigkeitsthemen fasziniert Sie: Biodiversität und Artenverlust, Wasser- und Landverbrauch, Kreislaufwirtschaft und Rohstoffe, Dekarbonisierung, Inklusion und Gleichstellung und vieles Wichtige mehr. Im wöchentlichen Takt kommen hier neue Erkenntnisse und auch Regulationen hinzu, bei denen Sie fachlich immer auf dem Laufenden bleiben müssen. Sie müssen zu diesen sich wandelnden Themen permanent Ihre Position kalibrieren und aus diesen Ableitungen und Anwendungen generieren, die Sie dann an die entsprechenden Stakeholder:innen übermitteln müssen. So ist es auch nicht verwunderlich, dass viele von Ihnen wirkliche Überzeugungstäter:innen sind. Wo auch sonst sollte die Energie herkommen für diese Mammutaufgabe, die Sie schultern? Respekt!

Aber mal ehrlich: Wenn Sie nachhaltige Themen leidenschaftlich am Mittagstisch diskutieren, fällt dann die Zustimmung durchweg positiv aus? Falls ja, dann befinden Sie sich in einer Blase, der grünen Blase – Kolleg:innen oder Freund:innen, die so ticken wie Sie. Öko-Fans umgeben von anderen Öko-Fans.

Aber sind Sie schonmal nach dem Zufallsprinzip ein paar Tische weiter gegangen? Die Reaktionen hier können ganz anders ausfallen. Denn die 60% sind nicht Ihre Blase. Für diese ist Nachhaltigkeit nicht per se oder von Berufs wegen richtig und wichtig. Und daher fällt es Ihnen auch schwerer, sich in sie hineinzuversetzen und ihr Verhalten nachzuvollziehen. In der schlimmsten Ausprägung gehen Sie von der Annahme aus, dass die 60% genauso ticken wie Sie – also Überzeugungstäter:innen sind.

Doch was in Ihren Ohren wie grünes Gold klingt, kommt oftmals in der breiten Masse gar nicht so gut an:

> *»Man darf nicht alle Themen in die Kommunikation durchlassen. Visionäre Features, die auf einer Messe toll funktionieren oder gut im Nachhaltigkeitsbericht klingen, sind oftmals nichts für die Kampagne, wenn man einen möglichst breiten Markt erreichen will.«*
>
> *Manfred Meindl, Leitung Marketing Vaude*

Auch als Nachhaltigkeitsmanager:in muss man die breite Masse berücksichtigen. Denn hier liegt das Umsatz- und das Umweltpotenzial. Und diese Masse tickt eben komplett anders. Um das 60%-Potenzial zu erschließen, muss man sie jedoch verstehen und fest im Blick haben. Und visionäre Features – auch wenn sie unsere Welt zu einer grüneren Welt machen und von den Öko-Fans gefeiert werden – nehmen die 60% nur bedingt mit. Achtung vor der Öko-Falle!

Was können also Nachhaltigkeitsabteilungen von unserem 60%-Potenzial mitnehmen?

Hier ein paar Vorschläge

Unser 60%-Potenzial schlägt eine Aufteilung des Marktes in Öko-Fans, Öko-Muffel und die 60% vor: Damit können sich Nachhaltigkeitsabteilungen permanent und anschaulich vergegenwärtigen, dass ihr Mindset und ihre Verhaltensweisen oftmals nicht die der breiten Masse sind. So kann man sich schnell an die eigene Nase fassen, Denkfehler vermeiden und sich aus der Öko-Falle befreien. Hier ein paar typische Aussagen, die uns aufhorchen lassen sollten:

- »Wir sollten ein eigenes Label herausbringen.«
- »Das Wichtigste für unsere Kundschaft ist, dass unser Produkt nachhaltig ist.«
- »Viel hilft viel - lasst uns alles kommunizieren, was wir in Richtung Nachhaltigkeit machen.«

Unser 60%-Potenzial hilft, die Diskussionen mit anderen Abteilungen besser zu steuern und zu klären: Unser 60%-Potenzial bietet eine Terminologie an, wie man über die verschiedenen Konsument:innengruppen reden kann. Und diese Terminologie kann eben auch helfen, Diskussionen mit anderen Abteilungen, wie zum Beispiel der Marketingabteilung, auf einen fruchtbaren Boden zu bringen. Die Argumentation mit dem 60%-Potenzial steigert die Anschlussfähigkeit an andere Fachbereiche.

Unser 60%-Potenzial stärkt auch die Nachhaltigkeitsabteilungen: Zu Zeiten der Inflation oder anderen Krisenzeiten steigt oftmals schnell der Spardruck. Nachhaltige Pläne werden auf die lange Bank geschoben oder wegen hoher Investitionskosten gleich abgesägt. Dies ist jedoch oftmals nicht im Interesse und in der Überzeugung der Nachhaltigkeitsabteilungen. Die 60% stärken die Argumentation für die Umwelt, denn über das 60%-Potenzial kann auch mehr Umsatz erzeugt werden.

Die 60% für Sustainable Natives

Sustainable Natives, wir bezeichnen sie auch gerne als grüne Pioniere, sind wie schon gesagt Unternehmen, die bereits mit einer grünen DNA gestartet sind. Das heißt, oftmals sind Umweltschutz und Nachhaltigkeitsprinzipien bei ihnen entscheidende Pfeiler, auf denen alle Businessaktivitäten aufbauen.

So baut ein Sustainable Native wie followfood, ein Produzent von Bio-Lebensmitteln, sein Business auf dem Slogan »Was wir essen, verändert die Welt« auf. Der ökologische Aspekt ist in jeder Pore und Ausrichtung des Unternehmens zu finden. Hier könnte man auch an Unternehmen wie Weleda (Pionierin zertifizierter Naturkosmetik und anthroposophischer Arzneimittel) oder Fairphone, eine nachhaltige IT-Firma, die Smartphones modular und unter fairen Bedingungen herstellt, denken. Sie alle sind mit einer Mission angetreten. Nicht nur, um mit ihren grünen Produkten den konventionellen Produkten den Rang abzulaufen. Es geht vor allem auch darum, Standards in den Herstellungs- und Fertigungsweisen einer Branche grundsätzlich zu hinterfragen und durch nachhaltigere zu ersetzen. Oftmals kommen hier Unternehmertum und Aktivismus zusammen.

Die grünen Pioniere haben in der Regel eine beeindruckende Substanz: Nachhaltige Produkte und sorgfältige und faire Wertschöpfungsketten sind für sie nur bedingt eine Herausforderung. Sie haben sie ja erfunden! Wenn man ihr Markenherz mit einer Farbe bezeichnen würde, dann wäre es wohl ein gutes, grünes Herz.

Ihre Herausforderung liegt in der Regel nicht in der Substanz, sondern im Wachstum: Zwar werden in bestimmten Kreisen ihre Produkte fast schon verehrt. Sie haben eine treue Anhängerschaft, die auf ihre Produkte schwört und sie auch immer wieder kauft – und dies zum Teil sogar trotz faktischer Beschwerden. Diese Markenfans bestärken die grünen Pioniere auch immer wieder in dem, was sie tun.

Doch sobald Sustainable Natives ihren Kopf aus dem Fenster der Nische herausstecken, gibt es Gegenwind. So geschehen bei Oatly, dem Hersteller und Pionier haferbasierter Milchalternativen, als sie ihr Wachstum im Jahr 2020 in einer Finanzierungsrunde unter anderem aus den Kassen des US-amerikanischem Investors Blackstone

Group verstärkte. Vor allem in den sozialen Medien entstand daraufhin ein regelrechter Shitstorm, der den Untergang des nachhaltigen Abendlandes und die Konvertierung des Haferpioniers auf die dunkle Seite der Macht postulierte. Oatly seinerseits erklärte den Hintergrund ihres Wachstumskurses so, dass sie nur auf diese Weise ihre Mission einer wachsenden pflanzenbasierten Ernährungswende in der Welt vorantreiben kann. Oder in unserer Terminologie zusammengefasst: Die Öko-Fans sehen die grüne Mission von Oatly bedroht, aber Oatly will an die breite Masse, das heißt an die 60%, ran.

Grüne Seele und anfänglicher Erfolg – aber wirklich in der breiten Masse anzukommen ist ein steiniger und weiter Weg. Und dies stellt die eigentliche Herausforderung für die grünen Pioniere dar – und nicht die Substanz.

Was können also die Sustainable Natives von unserem 60%-Potenzial mitnehmen?

Hier ein paar Vorschläge

Unser 60%-Potenzial bestärkt die grünen Pioniere im Umdenken: Der Erfolg der Nische ist keine Blaupause für die Masse. Die 60% sind nicht nur gut für den Umsatz, sondern auch für die Umwelt (unter der Annahme, dass mit grünen Produkten konventionelle Produkte ersetzt werden). Aber um ihr Potenzial zu heben, braucht es eine andere Art der Argumentation, eine frischere Art der Markeninszenierung und eine unverkrampftere Einstellung zu Kommerzialität.

Unser 60%-Potenzial zeigt den grünen Pionieren auf, dass es darum geht, Marketing- und Nachhaltigkeitswissen zusammenzubringen: Erinnern Sie sich an die Anfangszeit der Digitalisierung? Hier haben viele der entschlosseneren Unternehmen angefangen, digital versierte Personen einzustellen, um die

Sicht-, Denk- und Arbeitsweisen in ihre Kultur zu integrieren. Wieso also nicht explizit eine kritische Masse von Personen einstellen, die marketingorientiert denken und auch ein Wissen über die 60% mitbringen?

Bei all dem Fokus auf die 60% dürfen die treuen Kund:innen jedoch nicht vergessen werden: Die Öko-Fans sind die Markenbotschafter:innen der grünen Pioniere. Sie sind ein Teil der Substanz, und mit ihnen wurde der erste Umsatz gemacht. Sie dürfen natürlich nicht verloren werden. Es gilt also, eine Kund:innenansprache zu finden, die für die Öko-Fans attraktiv ist, jedoch auch für die 60%. Hier bieten unsere Customer Insights für die 60% erste Anknüpfungspunkte.

Die 60% für Sustainable Immigrants

Sustainable Immigrants sind wie gesagt sich wandelnde Unternehmen und Konzerne, welche im fossilen Zeitalter groß geworden sind. Dementsprechend sahen auch oftmals ihre ursprünglichen Geschäftsmodelle aus: In ihren Berechnungen spielte Umwelt keine oder wenn dann eher eine nachteilige Rolle – als Kosten- oder Compliance-Faktor. Oder um es in den Worten von Milton Friedman zu formulieren: »The business of business is business.« Nachhaltigkeit, Umwelt und Klima – häufig Fehlanzeige! Die meisten der Geschäftsmodelle funktionierten nur, weil es ihnen gelungen ist, die Umweltfolgekosten ihrer Geschäftstätigkeit zu externalisieren. Würde sich zum Beispiel der Wareneinkauf aus weit entfernten Ländern überhaupt lohnen, wenn man die Investitionen in soziale und ökologische Qualität in die Gewinngleichung mit aufnehmen würde? Ist der hohe Wasserverbrauch für die Textilproduktion überhaupt in den Fashion-Preisen abgebildet?

Über das letzte Jahrzehnt hat durchaus ein starkes Umdenken auf Unternehmensseite stattgefunden. Dies lag nicht allein an den Lerneffekten aus Greenwashing-Skandalen. Einen regelrechten Ruck hat der öffentliche Druck ausgelöst, wie er von sozialen Bürger:innen-Bewegungen ausging. Allen voran hat hier Fridays for Future seit 2019 regelrecht die Massen mobilisiert und so dem Thema Klimaschutz im Besonderen und Nachhaltigkeit im Allgemeinen aus der Nische heraus und ins Zentrum der öffentlichen Wahrnehmung verholfen. Nicht unerwähnt bleiben soll ferner die lenkende Kraft der ESG-Kriterien, die ebenfalls sehr wichtig dafür sind, dass immer mehr Unternehmen Nachhaltigkeit auf den Dimensionen Environment (E), Social (S) und Gouvernance (G) endlich ernst nehmen. Entstanden als Initiative mehrerer Finanzinstitute unter Koordination der UN stellt sie heute einen weit verbreiteten Standard für Investor:innen dar, die anhand von ESG die Zukunftsfähigkeit von Unternehmen bewerten. Ein gutes Abschneiden im ESG-Rating beschert Unternehmen Wahrnehmungs- und Vertrauenspunkte, nicht nur bei Konsument:innen, sondern vor allem auch bei Investor:innen und der Politik.

So haben auch die etablierten Unternehmen aufgestockt. Es wurden Nachhaltigkeitsabteilungen aufgebaut, Chief Sustainable Officers (CSOs) eingesetzt, und ökologische Nachhaltigkeit fand Eintritt in die Unternehmensstrategie. Mittlerweile gibt es keinen großen Konzern mehr ohne Nachhaltigkeitsstrategie – zumindest auf dem Papier.

All diese Schritte nach vorn sind notwendig und löblich. Dennoch klammert man hier oftmals den Elefanten im Raum aus: Grüne Produkte und Geschäftsmodelle sind notwendig, lohnen sich heutzutage aber längst nicht in dem Maße wie die ausoptimierten konventionellen Geschäftspraktiken. Der nachhaltige Umbau eines bestehenden und erfolgreichen Geschäftsmodells ist also zunächst mal eins: eine enorme Investition. Es ist eine Zwickmühle: Das laufende nicht nachhaltige Geschäft lohnt sich, das alternative, nachhaltige Geschäft hingegen oftmals leider noch nicht.

Sustainable Immigrants müssen das eine anfangen zu tun und können das andere aber noch nicht lassen. Denn neben dem Aspekt der ökologischen Nachhaltigkeit stehen bestehende Großunternehmen natürlich auch in der Pflicht sozialer Nachhaltigkeit, denn sie sind Arbeitgeber und Steuerzahler in immenser Dimension.

Im Gegensatz zu den Sustainable Natives haben Immigrants also ein wesentlich komplexeres Problem: Das bestehende Geschäft muss weiter erfolgreich sein, denn es bezahlt ja die grüne Transformation. Es muss deshalb wettbewerbsfähig gehalten und differenzierend vermarktet werden. Das neue nachhaltige Geschäft muss in der Substanz, also den Produkten und Dienstleistungen, überhaupt erstmal entwickelt und dann auch in die breite Masse vermarktet werden. Das alles bedeutet einen enormen Aufwand.

Gelingt den großen Unternehmen im Wandel diese Mammutaufgabe, ist der Hebel für die Umwelt jedoch riesig. Oder wer macht den größeren Unterschied für die grüne Transformation: Ist es das kleine Hinterhof-Start-up aus Berlin? Oder ist es der Weltkonzern, selbst wenn er nur einen Teil seines Angebotes auf Grün umstellt? Beide Beiträge sind enorm wichtig, aber ohne den überproportionalen Hebel der Großen wird der Wandel nicht möglich sein, zumindest nicht in einem angemessenen zeitlichen Rahmen.

Was können sich wandelnde Konzerne von unserem 60%-Potenzial mitnehmen?

Hier ein paar Vorschläge

Unser 60%-Potenzial zeigt auf, wie sich grüne Investitionen lohnen: Das Marktvolumen der 60% ist riesig, auch für grüne Konsumalternativen. Wer es versteht, dieses Volumen für die eigenen grünen Produkte zu konvertieren, wird doppelt belohnt. Denn die 60% grün zu machen, lohnt sich nicht nur für die Umwelt, sondern auch für den Umsatz. Daher die Devise: Jetzt investieren und nicht die Augen verschließen. Umsatz und Umwelt sind kein Gegensatz mehr!

Sustainable Immigrants können das 60%-Potenzial realisieren: Große Konzerne schaffen es seit Jahrzehnten, über geschicktes Marketing die breite Masse für ihre Produkte zu begeistern.

Heute sind sie dabei, ökologische Nachhaltigkeit im Kern aufzubauen und grüne Produkte zu produzieren. Sie haben also die Substanz und substanzielles Wissen darüber, wie man die breite Masse für grüne Produkte begeistert. Daher sollte das 60%-Potenzial selbstbewusst angegangen werden – lieber früher als später!

Die 60% müssen für grünen Konsum begeistert werden: Eine positive Grundeinstellung der breiten Masse gegenüber grünem Konsum ist vorhanden. Es fehlt jedoch an Begeisterung für die konsequente Umstellung des Verhaltens. Doch zu oft wird grüner Konsum eben noch mit Verzicht gleichgesetzt. Und wer verzichtet schon gerne? Sustainable Immigrants haben das Wissen und auch das Budget, den grünen Konsum in einem neuen Licht erstrahlen zu lassen oder, in unseren Worten, zu »reframen«. Damit grüner Konsum nicht der Spaßverderber ist, sondern einfach Bock macht.

Schluss

So wird Marketing vom Problem zur Lösung der grünen Transformation

Marketing – dieser Begriff löst oftmals auch eine gewisse Reaktanz aus, besonders im Kreis der Öko-Fans. Arbeiten Sie im Marketing? Hand aufs Herz – wenn beim Small Talk auf der Party die Frage kommt »Und, was machst du beruflich?«, was sagen Sie denn da? Irgendwie stehen sogleich ethische und nachhaltige Bedenken im Raum: Marketing als Schwungrad des Turbokapitalismus. Und da ist etwas dran! Marketing oszilliert zwischen »Macht« und »macht nichts«.

Auf der einen Seite hat Marketing als Funktion in Unternehmen und Agenturen das Endziel der Absatz- und Konsumförderung. Es geht darum, mehr zu verkaufen und somit für den Gewinn der Unternehmen zu sorgen. Besonders in westlichen Ländern geht es dabei nicht um die Deckung eines Grundbedarfs, sondern um ein künstliches »Konsumniveau«, das stark an den zur Verfügung stehenden Ressourcen des Planeten zehrt.

Der nachhaltigste Konsum wäre demnach gar kein Konsum, also wenn wir alle drastisch weniger verbrauchen würden. Aber ganz ehrlich: Wer von uns kann das? Wollen wir den Annehmlichkeiten des modernen Lebens wirklich entsagen? Die Coronakrise hat aufgezeigt, was passiert, wenn wir einen Großteil unseres normalen Alltags aufgeben und gezwungen sind, »in unseren Höhlen« zu bleiben. Vor allem die Reduktion der Mobilität führte zu enormen Ressourceneinsparungen und damit Vorteilen fürs Klima. Gleichzeitig machten die Onlinehandelsplattformen die Rekordumsätze ihres Lebens. Baumärkte waren ausverkauft. Wir haben unsere Konsumlust eben woanders ausgetobt. Und kaum war der Lockdown vorüber, kehrten wir in alte Muster zurück und legten teilweise sogar noch eine Schippe drauf. Die Abschaffung des Konsums oder auch eine dramatische Reduktion steht in der Regel im Widerspruch zu individuellen Zielen der 60%.

Es geht also nicht nur um weniger Konsum, es geht vor allen Dingen um anderen Konsum. Eine Befriedung unserer Konsumbedürfnisse mit Produkten und Dienstleistungen, die weniger ressourcenintensiv und umweltschädlich sind.

Und da kommt die machtvolle Seite des Marketings ins Spiel. Marketing und Werbung sind in der Lage, Menschen zu verzaubern, ihre Sicht auf die Dinge in andere Bahnen zu lenken, sie zu begeistern und zu motivieren. Das ist eine große Macht, und es steht eigentlich nur die Frage im Raum, wofür wir diese Kraft einsetzen wollen. Für schwarzen oder grünen Konsum?

Der massenhafte Einkauf ökologischer Rohstoffe für grünen Konsum? Da erzeugt man doch ganz andere Probleme! Auch das ist richtig. Schon heute ist die Knappheit der Rohstoffe, nehmen wir zum Beispiel Kakao aus fairem ökologischem Anbau, ein stark limitierender Faktor für die Expansion nachhaltiger Geschäftsmodelle. Die Effizienzen ökologischer und sozialer Gewinnungs-, Anbau- und Fertigungsweisen sind geringer und lassen sich nicht beliebig skalieren. Eine faire Nähfabrik wird unter Umständen eine geringere Stückzahl zu höheren Preisen, eine ökologische Weidehaltung weniger Kilogramm Käse ebenfalls zu höheren Kosten abgeben können und so weiter.

Und trotzdem: Wir glauben, dass der Schritt in die breite Masse der richtige ist. Denn was Unternehmen, egal, in welchem Sektor, brauchen, um sich mutig auf den Weg der nachhaltigen Transformation zu begeben, ist eine sichere Nachfrage. Die 60% können genau das bieten – ausreichend hohe Volumen und damit mehr Planungssicherheit. Nur wenn die Nachfrage da ist, werden sich immer mehr Betriebe und Unternehmer:innen drehen können. Diese Nachfrage zu stimulieren, das ist der Job des Marketings. Nische auf Dauer? Keine Option!

Mit dem 60%-Potenzial wollen wir einen Schritt nach vorn aufzeigen: Grüner Konsum kann attraktiv sein für die breite Masse, und die breite Masse macht grünen Konsum (finanziell) attraktiv für Unternehmen. Das 60%-Potenzial soll einen Denkansatz bieten, wie über Marketing und ökologische Nachhaltigkeit neu gedacht werden kann.

Dieses Buch soll Lust darauf machen, das vermeintlich Gegensätzliche zu vereinbaren und ein neues Normal zu kreieren. In diesem greifen Menschen selbstverständlich zu pflanzlichen Ersatzprodukten, Fleisch kommt gerne, aber nur noch bei besonderen Gelegenheiten auf den Tisch. In diesem neuen Normal fahren Menschen gerne mit den öffentlichen Verkehrsmitteln, es ist die Regel und nicht die Ausnahme. In dieser Welt wird nicht unnötig angehäuft, sondern Menschen verstehen, sich auf den Konsum zu besinnen, der ihnen wirklich etwas bedeutet. Grüner Konsum wird nicht mit Verzicht gleichgesetzt, sondern als Gewinn von Produkt- und Lebensqualität empfunden und darum automatisch und freiwillig gelebt.

Denn die 60%, also die breite Masse an Menschen, für grünen Konsum zu begeistern, bedeutet so viel mehr, als zu verkaufen. Marketing der Zukunft darf nicht nur Mehrheitsbeschaffer für neue Produkte sein, sondern auch für neue Denk- und Verhaltensweisen. In dem Maße, wie es Marketing gelingt, zukunftsfähige Werte- und Alltagsmuster zu etablieren, kann es auch vom Problem zur Lösung, vom Verhinderer zum entscheidenden Treiber einer erfolgreichen Transformation werden.

Glossar

Attitude-Behavior-Gap (auch bekannt als Value-Action-Gap, Intention-Action-Gap, Mind-Behavior-Gap) beschreibt, dass das Verhalten von Menschen nicht immer auf ihre Einstellung zurückgeführt werden kann. Stark ausgeprägt ist der Attitude-Behavior-Gap bei Umweltfragen: In Umfragen geben die Menschen beispielsweise an, dass ihnen grüner Konsum wichtig sei, im Supermarkt entscheiden sie sich dennoch für das konventionelle Produkt.

Customer Insights bezeichnet Erkenntnisse meist aus den Bereichen Verbraucherpsychologie, Konsumforschung und Verhaltensökonomie, die Erklärungsansätze für das Verhalten von Konsument:innen liefern sollen.

Die 60% sind für uns die Gruppe von Konsument:innen, die zwar eine grüne Einstellung an den Tag legen, diese jedoch noch nicht in ihrem Konsumverhalten umsetzen. Bei dieser Gruppe liegt ein Attitude-Behavior-Gap vor. Genau in diesem Unterschied zwischen Einstellung und Verhalten liegt das große Potenzial für den Umsatz und die Umwelt.

Greenhushing (engl. *to hush;* verstummen) bezieht sich auf Unternehmen, die über ihre nachhaltigen Fortschritte lieber Stillschweigen bewahren. Sie kommunizieren ihr grünes Engagement also nicht proaktiv. Dies passiert oftmals aus Angst der Unternehmen, des Greenwashings bezichtigt zu werden.

Greenwashing Greenwashing beschreibt den Umstand, dass Unternehmen ihre Nachhaltigkeitsbemühungen durch gezielte Kommunikation in einem besseren Licht darstellen. Es hat ganz unterschiedliche Ausprägungen. So können zum Beispiel nachhaltige Fortschritte übertrieben werden. Dadurch erscheinen Produkte und Dienstleistungen ökologisch nachhaltiger, als sie tatsächlich sind.

Grüner Konsum meint Alternativen zu etablierten, konventionellen Produkten und Dienstleistungen, die aufgrund einer nachhaltigeren Herstellung oder Anwendungsweise eine bessere Umweltbilanz aufweisen. Menschen können mit einer Entscheidung für oder gegen grüne Konsumalternativen ihre eigene Umweltbilanz verändern.

»Grüner Peter«-Spiel ist eine Anspielung auf ein Kinderkartenspiel, in dessen Set eine Karte der »Schwarze Peter« ist. Wer diese Karte am Schluss in den Händen hält, hat verloren. Man kann aber während des Spiels versuchen, diese Unglückskarte einem anderen Mitspielenden unterzujubeln. Der »Grüne Peter« symbolisiert die Mehrkosten für Herstellung und Vertrieb grüner Konsumalternativen, auf denen am Schluss kein Marktteilnehmender sitzen bleiben möchte. Der »Grüne Peter« wird daher zwischen Herstellern, Handel, Konsument:innen und Politik munter hin- und hergeschoben.

Öko-Falle Unternehmen befinden sich in der Öko-Falle, wenn ihre Marketingaktivitäten auf den Kreis der Konsument:innen ausgerichtet sind, die grüne Einstellungen haben und aus Überzeugung grüne Produkte kaufen (das heißt die Öko-Fans). Dann übersehen die Unternehmen nämlich eine andere, deutlich größere Gruppe: die Konsument:innen, die eine grüne Einstellung haben, diese jedoch nicht in ihrem Konsumverhalten umsetzen (das heißt unsere 60%).

Öko-Fans Die Öko-Fans sind für uns die Gruppe von Konsument:innen, die grüne Einstellungen an den Tag legen und diese auch in ihrem Konsumverhalten umsetzen. Sie kaufen mehrheitlich nachhaltige Konsumalternativen. Bei dieser Gruppe liegt kein Attitude-Behavior-Gap vor.

Öko-Muffel Die Öko-Muffel sind für uns die Gruppe von Konsument:innen, die keine grünen Einstellungen an den Tag legen. Dementsprechend ist ihr Konsumverhalten nicht grün. Sie lehnen nachhaltige Konsumalternativen ab. Bei dieser Gruppe liegt kein Attitude-Behavior-Gap vor.

Sustainable Immigrants beschreibt Unternehmen, bei deren Gründung Nachhaltigkeit nicht im Zentrum stand und die sich aktuell in der Transformation befinden, also Nachhaltigkeit immer stärker in ihr Selbstverständnis und ihre Geschäftsstrategie integrieren wollen. In dieser Gruppe finden sich häufig Unternehmen mit einer langen Historie.

Sustainable Natives Darunter verstehen wir Unternehmen, die bereits mit einer grünen DNA gestartet sind, das heißt, Nachhaltigkeit ist bei diesen Unternehmen ein Teil der Gründungsidee und fester wertschaffender Bestandteil des Geschäftsmodells. In dieser Gruppe finden sich häufig Unternehmen mit einer jüngeren Historie sowie Start-ups.

Anmerkungen

1 Statista. (2020). *Was wären Sie bereit zu ändern, um Umwelt und Klima zu schützen?.* https://de.statista.com/statistik/daten/studie/1169940/umfrage/klimaschutz-bereitschaft-in-bestimmten-bereichen-das-persoenliche-verhalten-zu-aendern

2 Grampp, M., Laude, D. & Rohr, D. (2021). Nachhaltige Lebensmittel: Was Schweizer Konsumenten von Unternehmen und vom Staat erwarten. *Deloitte.* https://www2.deloitte.com/ch/de/pages/consumer-business/articles/sustainable-food.html

3 Merlot. J. (8. August 2019). Was Fleischverzicht für den Klimaschutz bringt. *Spiegel.* https://www.spiegel.de/wissenschaft/mensch/berechnung-zum-klimaeffekt-was-fleischverzicht-fuer-den-klimaschutz-bringt-a-1280923.html

4 Statista. (2024). *Pro-Kopf-Konsum von Fleisch in der Schweiz in ausgewählten Jahren von 1980 bis 2022.* https://de.statista.com/statistik/daten/studie/289128/umfrage/pro-kopf-konsum-von-fleisch-in-der-schweiz

5 Statista. (2020). *Was wären Sie bereit zu ändern, um Umwelt und Klima zu schützen?.* https://de.statista.com/statistik/daten/studie/1169940/umfrage/klimaschutz-bereitschaft-in-bestimmten-bereichen-das-persoenliche-verhalten-zu-aendern

6 Statista. (2021). *Durchschnittliche jährliche Treibhausgasbilanz pro Person in Deutschland.* https://de.statista.com/statistik/daten/studie/1275275/umfrage/treibhausgasbilanz-pro-person

7 Kraftfahrtbundesamt (2023): https://www.kba.de/DE/Statistik/Fahrzeuge/Neuzulassungen/MonatlicheNeuzulassungen/monatl_neuzulassungen_node.html

8 McKinsey. (2. August 2023). *McKinsey-Umfrage: Flugreisende zunehmend besorgt über Klimawandel.* https://www.mckinsey.de/news/presse/2023-08-02-clean-sky-survey

9 Statista. (2024). *Anzahl der Urlaubsreisen der Deutschen in den Jahren von 2005 bis 2023.* https://de.statista.com/statistik/daten/studie/151947/umfrage/anzahl-der-urlaubsreisen-in-deutschland-seit-2005

10 Bovermann, P. (30. Januar 2024). Es hat sich ausgeklebt. *Süddeutsche Zeitung.* https://www.sueddeutsche.de/meinung/letzte-generation-klimakleber-kommentar-1.6340967

11 Destatis. (23. Februar 2024). *Volkswirtschaftliche Gesamtrechnungen: Konsumausgaben, Investitionen und Außenbeitrag.* https://www.destatis.de/DE/Themen/Wirtschaft/Volkswirtschaftliche-Gesamtrechnungen-Inlandsprodukt/Tabellen/inlandsprodukt-verwendung-bip.html

12 Statista. (2023). *Fast fashion market value forecast worldwide from 2021 to 2027.* https://www.statista.com/statistics/1008241/fast-fashion-market-value-forecast-worldwide

13 Lujani, F. & Kingaby, H. (n. d.). Beyond the climate bubble. *Media Bounty.* https://mediabounty.com/beyond-the-climate-bubble

14 GfK. (9. November 2023). *Sorge um Inflation bremst nachhaltigen Konsum.* https://www.gfk.com/de/presse/sorge-um-inflation-bremst-nachhaltigen-konsum

15 Nielsen. (2023). *The green divide: How to influence and change conscious consumer behavior: A marketer's guide for the emerging era of conscious consumption.* https://nielseniq.com/global/en/insights/report/2023/how-to-turn-green-consumer-intentions-into-sustainable-actions

16 Edelman. (2022). *Edelman Trust Barometer 2022.* https://www.edelman.de/sites/g/files/aatuss401/files/2022-12/2022%20Edelman%20Trust%20Barometer%20Special%20Report%20Trust%20and%20Climate%20Change_Germany%20Report_k.pdf

17 Heiny, K. & Schneider, D. (2021). Attitude-behavior gap report: How the industry and consumers can close the sustainability attitude-behavior gap in fashion. *Zalando.* https://corporate.zalando.com/en/our-impact/sustainability/sustainability-reports/attitude-behavior-gap-report

18 Stiess, I., Sunderer, G., Raschewski, L., Stein, M., Götz, K., Belz, J., Follmer, R., Hölscher, J. & Birzle-Harder, B. (2022). Repräsentativumfrage zum Umweltbewusstsein und Umweltverhalten im Jahr 2020: Klimaschutz und sozial-ökologische Transformation. *Umweltbundesamt.* https://www.umweltbundesamt.de/publikationen/repraesentativumfrage-umweltbewusstsein-0

19 Havemann, I. (2023). Ökologische Nachhaltigkeit – Wen kümmert's? Eine Segmentation mit Herausforderungen und Chancen. *Ipsos.* https://www.ipsos.com/de-de/okologische-nachhaltigkeit-wen-kummerts

20 Marktforschung. (12. Juli 2019). *Fridays for Future: Ein Drittel der Jugend verzichtet auf Auto und Fernreisen.* https://www.marktforschung.de/marktforschung/a/fridays-for-future-ein-drittel-der-jugend-verzichtet-auf-auto-und-fernreisen

21 Fisch, I. (1. Februar 2024). Ist die Gen Z eine Mogelpackung?. *Süddeutsche Zeitung.* https://www.sueddeutsche.de/wirtschaft/generation-z-nachhaltigkeit-studie-luxus-1.6340913

22 Universität Hamburg. (Juli 2013). *Deutschland: Weniger als zehn Prozent Klimaskeptiker.* https://www.uni-hamburg.de/newsletter/archiv/Juli-2013-Nr-52/Deutschland-weniger-als-zehn-Prozent-Klimaskeptiker.html

23 Lamb, W. F. Mattioli, G., Levi, S., Roberts, J. T., Capstick, S., Creutzig, F., Minx, J. C., Müller-Hansen, F., Culhane, T. & Steinberger, J. K. (2020). Discourses of climate Delay. *Global Sustainability, 3*, e 17, 1–5. https://doi.org/10.1017/sus.2020.13

24 Schmidbauer, J., Schwarz, E. & Schellnegger, A. (11. August 2023). Und dann flogen die Eier. *Süddeutsche Zeitung.* https://www.sueddeutsche.de/projekte/artikel/politik/kolumbusstrasse-verkehrswende-parkplaetze-muenchen-e284698

25 Blome, T., Bug, T. & Werner, K. (6. Februar 2024). Sind SUVs wirklich so schlimm?. *Süddeutsche Zeitung.* https://www.sueddeutsche.de/wirtschaft/faktencheck-suv-paris-parkgebuehren-1.6344777

26 maiLab. (18. Februar 2024). *So werden wir von der Politik ver*scht* [Video]. YouTube. https://www.youtube.com/watch?v=GtBnj3Z3eO4

27 Miller, D. T. (2023). A century of pluralistic ignorance: What we have learned about its origins, forms, and consequences. *Frontiers in Social Psychology, 1*(1260896). https://doi.org/10.3389/frsps.2023.1260896

28 Miller, D. T. (2023). A century of pluralistic ignorance: What we have learned about its origins, forms, and consequences. *Frontiers in Social Psychology, 1*(1260896). https://doi.org/10.3389/frsps.2023.1260896

29 Hochschild, A. (2017). Fremd in ihrem Land. Campus Verlag

30 Cramer, L. & Pausder, V. (Hosts). (1. Februar 2024). #86 Nico Rosberg – Weltmeister & Nachhaltigkeits-Investor | Altern in der Öffentlichkeit | Langlebigkeits-Tipps (No. 86). [Audio podcast Episode]. In *Fast & Curious.* Podstars. https://fastandcurious.podigee.io/92-86-nico-rosberg-weltmeister-nachhaltigkeits-investor-i-altern-in-der-offentlichkeit-i-langlebigkeits-tipps

31 Handelsdaten. (n. d.) *Der Biomarkt in Deutschland.* https://www.handelsdaten.de/branchen/reform-und-biomaerkte

32 Schader, P. (23. März 2023). Die Irrtümer der Pionier:innen – oder: Was ist im Bio-Fachhandel schief gelaufen?. *Supermarktblog.* https://www.supermarktblog.com/2023/03/23/die-irrtuemer-der-pionierinnen-oder-was-ist-im-bio-fachhandel-schief-gelaufen

33 Veganz. (4. November 2022). *Ergebnisse der aktuellen Veganz Ernährungsstudie.* https://veganz.de/blog/veganz-ernaehrungsstudie-2022

34 Eine ähnliche Argumentation wurde von dem Autor Jan Pechmann in dem Jahresbericht der SWA – Schweizer Werbe Agentur (2022) verwendet unter dem Titel: *Marketing zwischen Macht und macht nichts*

35 Heiny, K. & Schneider, D. (2021). Attitude-behavior gap report: How the industry and consumers can close the sustainability attitude-behavior gap in fashion. *Zalando.* https://corporate.zalando.com/en/our-impact/sustainability/sustainability-reports/attitude-behavior-gap-report

36 Scholz, O. (2. Dezember 2022). *Rede von Bundeskanzler Scholz zum 15. Deutschen Nachhaltigkeitspreis am 2. Dezember 2022* [speech transcript]. Die Bundesregierung. https://www.bundesregierung.de/breg-de/aktuelles/rede-von-bundeskanzler-scholz-zum-15-deutschen-nachhaltigkeitspreis-am-2-dezember-2022-2148954

37 Redaktionsnetzwerk Deutschland. (23. September 2021). *Neubauer kritisiert Parteien als »wirklichkeitsbefreit»: Alle verschweigen Wahrheit über Klimakrise.* https://www.rnd.de/politik/luisa-neubauer-kritisiert-parteien-alle-verschweigen-wahrheit-ueber-klimakrise-PCS4WBJ3SBC7RPZWEFW5FCT2AA.html

38 Presseportal. (17. August 2023). *YouGov-Trendstudie nachhaltige Geldanlage 2023: Was Menschen von grünen Investments abhält.* https://www.presseportal.de/pm/36847/5582129

39 Edelman. (2022). *Edelman Trust Barometer 2022.* https://www.edelman.de/sites/g/files/aatuss401/files/2022-12/2022%20Edelman%20Trust%20Barometer%20Special%20Report%20Trust%20and%20Climate%20Change_Germany%20Report_k.pdf

40 Mai, R., Hoffmann, S., Lasarov, W., & Buhs, A. (2019). Ethical products= less strong: How explicit and implicit reliance on the lay theory affects consumption behaviors. *Journal of Business Ethics*, 158, 659–677. https://doi.org/10.1007/s10551-017-3669-1

41 Berke, A. & Larson, K. (2023). The negative impact of vegetarian and vegan labels: Results from randomized controlled experiments with US consumers. *Appetite, 188*, Article 106767. https://doi.org/10.1016/j.appet.2023.106767

42 Sleboda, P., de Bruin, W.B., Gutsche, T. & Arvai, J. (2024). Don't say »vegan« or »plant-based»: Food without meat and dairy is more likely to be chosen when labeled as »healthy« and »sustainable». *Journal of Environmental Psychology, 93*, Article 102217. https://doi.org/10.1016/j.jenvp.2023.102217

43 Kearney. (26. August 2020). *Zu teuer: Die Zehn-Prozent-Hürde.* https://www.de.kearney.com/consumer-retail/article/-/insights/zu-teuer-die-zehn-prozent-hurde

44 Grampp, M., Laude, D. & Rohr, D. (2021). Nachhaltige Lebensmittel: Was Schweizer Konsumenten von Unternehmen und vom Staat erwarten. *Deloitte.* https://www2.deloitte.com/ch/de/pages/consumer-business/articles/sustainable-food.html

45 Kearney. (26. August 2020). *Zu teuer: Die Zehn-Prozent-Hürde.* https://www.de.kearney.com/consumer-retail/article/-/insights/zu-teuer-die-zehn-prozent-hurde

46 Bauchmüller, M. (20. Dezember 2023). Ran ans Nackensteak. *Süddeutsche Zeitung.* https://www.sueddeutsche.de/wirtschaft/sparliste-bundesregierung-2024-deutschland-1.6322455

47 PWC. (22. September 2021). *Die Gen Z legt Wert auf Nachhaltigkeit beim Einkauf – und bei der Bundestagswahl.* https://www.pwc.de/de/pressemit teilungen/2021/die-gen-z-legt-wert-auf-nachhaltigkeit-beim-einkauf-und-bei-der-bundestagswahl.html
48 Deloitte. (n. d.). *Nachhaltigkeit und Verbraucherverhalten: Stimmungen, Trends und Potenziale.* https://www2.deloitte.com/de/de/pages/consumer-business/articles/studie-nachhaltigkeit-und-verbraucherverhalten.html
49 Wille, S. (Januar 2024). *Splendid day at the #WEF, full of interesting discussions, meeting new people – and the wonderful Swiss mountains!* [Image attached] [Post]. LinkedIn. https://www.linkedin.com/posts/samwille_wef24-activity-7153132504382623744-yBat
50 Statista. (2023). *Inwieweit vertrauen Sie dem, was Unternehmen Ihnen über Ihre Maßnahmen zur Bekämpfung des Klimawandels mitteilen?.* https://de.statista.com/statistik/daten/studie/1384504/umfrage/umfrage-zum-vertrauen-gegenueber-nachhaltigkeitskommunikation-von-unter nehmen
51 Rühle, L. (16. Juni 2023). Hohe Skepsis gegenüber Nachhaltigkeitsaussagen von Unternehmen. *YouGov.* https://yougov.de/consumer/articles/45826-hohe-skepsis-gegenuber-nachhaltigkeitsaussagen-von
52 BEUC. (n. d.). *The great green maze: How environmental advertising confuses consumers: Survey results from 16 countries.* https://www.beuc.eu/sites/default/files/publications/BEUC-X-2023-149_The_Great_Green_Maze_How_environmental_advertising_confuses_consumers.pdf
53 DIW Berlin. (20 Juli 2011). *SOEP-Studie: Risikofreudige Menschen sind zufriedener.* https://www.diw.de/de/diw_01.c.376534.de/soep_studie_risiko freudige_menschen_sind_zufriedener.html
54 Hügenell, I. (6. Januar 2024). Die Landwirte werden als Buhmänner dargestellt. *Süddeutsche Zeitung.* https://www.sueddeutsche.de/muenchen/fuerstenfeldbruck/protestwoche-bauern-landwirtschaft-agrardiesel-sub ventionen-bio-landwirtin-1.6328929
55 Kantar. (2023). *Who cares? Who does? Planet, profit, and perception: The new truths and today's eco-conscious consumers.* https://kantar.turtl.co/story/whocares-who-does-2023-p/page/1
56 Scopes. (2023). *How sustainable are Swiss brands perceived to be?.* https://www.scopes.report/#download
57 Buberger, J., Kersten, A., Kuder, M., Eckerle, R., Weyh, T. & Thiringer, T. (2022). Total CO_2-equivalent life-cycle emissions from commercially available passenger cars. *Renewable and Sustainable Energy Reviews, 159,* Article 112158. https://doi.org/10.1016/j.rser.2022.112158
58 Faria, R., Margues, P., Moura, P., Freire, F., Delgado, J. & de Almeida A. T. (2013). Impact of the electricity mix and use profile in the life-cycle assessment of electric cars. *Renewable and Sustainable Energy Reviews,* 24, 271–287. https://doi.org/10.1016/j.rser.2013.03.063

59 Nordelöf, A., Messagie, M., Tillman, A.M., Ljunggren Söderman, M. & Van Mierlo, J. (2014). Environmental impacts of hybrid, plug-in hybrid, and battery electric vehicles – what can we learn from life cycle assessment?. *Modern Individual Mobility*, 19, 1866–1890. https://doi.org/10.1007/s11367-014-0788-0

60 Verma, S., Dwivedi, G. & Verma, P. (2022). Life-cycle assessment of electric vehicles in comparison to combustion engine vehicles: A review. *Materials Today, 49*, 217–222. https://doi.org/10.1016/j.matpr.2021.01.666

61 Rodrigues Viana, L., Marty, C., Boucher, J-F. & Dessureault, P-L. (16. Januar 2023). Voici comment votre tasse de café contribue aux changements climatiques. *The Conversation*. https://theconversation.com/voici-comment-votre-tasse-de-cafe-contribue-aux-changements-climatiques-197370

62 Birger, N. (8. Januar 2014). Wir produzieren 4000 Tonnen Kaffeekapsel-Müll. *Wirtschaft*. https://www.welt.de/wirtschaft/article123656432/Wir-produzieren-4000-Tonnen-Kaffeekapsel-Muell.html

63 Eckstein, C., Hoppmann, E., Fröhner, N. & Holenstein, J. (24. September 2023). Fleischersatz: Was ist drin, wie wird es hergestellt, und wie gut ist es für Umwelt und Gesundheit?. *Neue Zürcher Zeitung*. https://www.nzz.ch/visuals/fleischersatz-was-ist-drin-gesuender-als-fleisch-5-wichtige-antworten-ld.1734098

64 Krieger, A. (7. Dezember 2022). Wieso Chemikalien und Plastik ein Zukunftsrisiko sind. *Helmholtz Klima Initiative*. https://helmholtz-klima.de/planetare-grenzen-chemikalien-plastik

65 Verbraucherzentrale. (20. April 2022). *Lebensmittelverschwendung: Folgen für Umwelt, Ressourcen, Welternährung*. https://www.verbraucherzentrale.de/wissen/lebensmittel/auswaehlen-zubereiten-aufbewahren/lebensmittelverschwendung-folgen-fuer-umwelt-ressourcen-welternaehrung-59565

66 Allmann, J.F. (29. Januar 2019). Darum sind Gurken mit Plastikhülle manchmal nachhaltiger als ohne. *Spiegel*. https://www.spiegel.de/panorama/nachhaltigkeit-warum-gurken-mit-plastikhuelle-tatsaechlich-nachhaltiger-sind-a-1f9ac95f-f4b0-4c78-b66c-215833c0d614

67 Sokolova, T., Krishna, A. & Döring, T. (2023). Paper meets plastic: The perceived environmental friendliness of product packaging. *Journal of Consumer Research, 50*(3), 468–491. https://doi.org/10.1093/jcr/ucad008

68 Flatley, A. (23. April 2019). Das 2 Euro-T-Shirt: Ein soziales Experiment. *Utopia*. https://utopia.de/das-2-euro-t-shirt-ein-soziales-experiment-1258

69 Eine ähnliche Argumentation wurde in einem anderen Beitrag der Autorin Johanna Gollnhofer verwendet: Gollnhofer, J. (26. Oktober 2023). Nachhaltigkeit ist heute Mainstream. *Handelszeitung*. https://www.handelszeitung.ch/specials/marketing-2023/nachhaltigkeit-ist-heute-mainstream-650783

70 South Pole (2022): Net Zero Report, https://www.southpole.com/news/going-green-then-going-dark

71 Grampp, M., Laude, D. & Rohr, D. (2021). Nachhaltige Lebensmittel: Was Schweizer Konsumenten von Unternehmen und vom Staat erwarten. *Deloitte.* https://www2.deloitte.com/ch/de/pages/consumer-business/articles/sustainable-food.html

72 Diese Argumentation wurde bereits von der Autorin Johanna Gollnhofer in einem ihrer Blog-Artikel verwendet, welcher unter der folgenden Adresse abgerufen werden kann: https://www.torial.com/johanna.gollnhofer/portfolio/774667

73 Kim, E. A., Shoenberger, H., Kwon, E. P., & Ratneshwar, S. (2022). A narrative approach for overcoming the message credibility problem in green advertising. *Journal of Business Research, 147,* 449–461. https://doi.org/10.1016/j.jbusres.2022.04.024

74 Lehmann, K., Renz, D. & Huber, F. (26. Oktober 2022). Nun sag', wie hast du's mit der Nachhaltigkeit?. *EY.* https://www.ey.com/de_de/consumer-products-retail/studie-nachhaltigkeit-deutscher-konsument-innen

75 Statista. (2024). *Umsatz mit Bio-Lebensmitteln in Deutschland in den Jahren 2000 bis 2023.* https://de.statista.com/statistik/daten/studie/4109/umfrage/bio-lebensmittel-umsatz-zeitreihe

76 Bundesministerium für Ernährung und Landwirtschaft. (2022). Öko-Barometer 2022: Umfrage zum Konsum von Bio-Lebensmitteln. https://www.bmel.de/SharedDocs/Downloads/DE/Broschueren/oeko-barometer-2022.pdf?__blob=publicationFile&v=8

77 Statista. (2023). Anzahl der Bio-Eigenmarkenartikel ausgewählter Lebensmittelhändler und Drogerien in Deutschland in den Jahren 2018 und 2023. https://de.statista.com/statistik/daten/studie/1402938/umfrage/lebensmittehaendler-mit-meisten-bio-eigenmarken-deutschland

78 Lohwe, R. (31. Mai 2022). Veganz Group: Umsatzrückgang, Verluste und eine teurer werdende neue Fabrik. 4investors. https://www.4investors.de/nachrichten/boerse.php?sektion=stock&ID=162823

79 Terpitz, K. (18. Juli 2023). Indoor-Farmen und gedruckte Milch: So will Veganz die Wende schaffen. *Handelsblatt.* https://www.handelsblatt.com/unternehmen/handel-konsumgueter/lebensmittel-indoor-farmen-und-gedruckte-milch-so-will-veganz-die-wende-schaffen/29259382.html

80 Kearney. (26. August 2020). *Zu teuer: Die Zehn-Prozent-Hürde.* https://www.de.kearney.com/consumer-retail/article/-/insights/zu-teuer-die-zehn-prozent-hurde

81 Singh, S. (2006): Impact of color on marketing, *Management decision,* Vol. 44, No. 6, pp. 783–789

82 GfK. (2024). *Es hört nicht mehr auf! Weshalb Nachhaltigkeit ein großes Thema bleiben wird.* https://www.gfk.com/hubfs/EU%202023%20Files/Consumer%20Index/CI_11_2023.pdf?

83 Walker Reczek, R., Irwin, J.R. & Zane, D.M. (2022). Good intentions – thoughtless buying decisions: Understanding and breaking barriers to ethical consumption. *Marketing Intelligence Review, 14*(1), 25–29. https://doi.org/10.2478/nimmir-2022-0004
84 Lehmann, K., Renz, D. & Huber, F. (26. Oktober 2022). Nun sag', wie hast du's mit der Nachhaltigkeit?. *EY.* https://www.ey.com/de_de/consumer-products-retail/studie-nachhaltigkeit-deutscher-konsument-innen
85 Statista. (2024). *Revenue of the cosmetics market worldwide from 2018 to 2028.* https://www.statista.com/forecasts/1272313/worldwide-revenue-cosmetics-market-by-segment
86 Statista. (2023). *Umsatz der Weleda Gruppe weltweit in den Jahren 2011 bis 2022.* https://de.statista.com/statistik/daten/studie/697367/umfrage/umsatz-der-weleda-gruppe-weltweit
87 Rogers, E.M. (1962). *Diffusion of innovations.* New York: Free Press.
88 Elkington, J. (15. Juni 2015). 25 years ago I coined the phrase »triple bottom line«. Here's why it's time to rethink it. *Harvard Business Review.* https://hbr.org/2018/06/25-years-ago-i-coined-the-phrase-triple-bottom-line-heres-why-im-giving-up-on-it
89 Vaude. (n.d.). *Umdenken! Unsere Vision eines kreislauffähigen Produktdesigns.* https://www.vaude.com/de/de/blog/post/neuer-vaude-nachhaltigkeitsbericht-online.html
90 Solberg, P. (21. März 2023). Bosch: 2030 sind zwei Drittel der europäischen Neuwagen elektrisch. *Auto Bild.* https://www.autobild.de/artikel/e-auto-markt-bis-2030-verkauf-absatz-prognose-22537823.html
91 Reinhardt, G., Gärtner, S. & Wagner, T. (2020). Ökologische Fußabdrücke von Lebensmitteln und Gerichten in Deutschland. *Institut für Energie- und Umweltforschung Heidelberg.* https://www.umweltbundesamt.de/sites/default/files/medien/6232/dokumente/ifeu_2020_oekologische-fussabdruecke-von-lebensmitteln.pdf
92 Blome, T. (18. Januar 2024). Vom Ende der Wurst. *Süddeutsche Zeitung.* https://www.sueddeutsche.de/wirtschaft/ruegenwalder-muehle-schinken-spicker-vegan-gruende-1.6335146
93 Reinhardt, G., Gärtner, S. & Wagner, T. (2020). Ökologische Fußabdrücke von Lebensmitteln und Gerichten in Deutschland. *Institut für Energie- und Umweltforschung Heidelberg.* https://www.umweltbundesamt.de/sites/default/files/medien/6232/dokumente/ifeu_2020_oekologische-fussabdruecke-von-lebensmitteln.pdf
94 Umweltbundesamt. (23. Januar 2024). *Treibhausgas-Emissionen in Deutschland.* https://www.umweltbundesamt.de/daten/klima/treibhausgas-emissionen-in-deutschland#emissionsentwicklung
95 Holmberg, K. & Erdemir, A. (2019). The impact of tribology on energy use and CO_2 emission globally and in combustion engine and electric cars. *Tribology International*, 135, 389–396

96 Imöhl, S. (8. September 2023). Der Vergleich: Diese Länder stoßen am meisten CO_2 aus. *Wirtschaftswoche.* https://www.wiwo.de/politik/ausland/co2-ausstoss-deutschland-und-weltweit-der-vergleich-diese-laender-stossen-am-meisten-co2-aus/29263872.html

97 Acuti, D., Pizzetti, M. & Dolnicar, S. (2022). When sustainability backfires: A review of the unintended negative side-effects of product and service sustainability on consumer behavior. *Psychology & Marketing*, 39(10), 1933–1945. https://doi.org/10.1002/mar.21709

98 damals noch eBay Kleinanzeigen, Anm. d. Verf.

99 GRI. (n. d.). *The global standards for sustainability impacts.* https://www.globalreporting.org/standards

100 Barmettler, S., Gross, S. & Heim, M. (18. November 2020). HZ-Ranking für Nachhaltigkeit: Migros ist die Nummer 1. *Handelszeitung.* https://www.handelszeitung.ch/unternehmen/hz-ranking-fur-nachhaltigkeit-migros-ist-die-nummer-1-319722

101 Hermes, V. (20. März 2024). Frankreich plant Öko-Bußgeld für Shein und Temu. *Absatzwirtschaft.* https://www.absatzwirtschaft.de/frankreich-plant-oeko-bussgeld-fuer-shein-und-temu-255695-255695

102 Kläsgen, M. (24. Januar 2024). Warum Pennys Experiment mit »wahren Preisen« Kunden abschreckte. *Süddeutsche Zeitung.* https://www.sueddeutsche.de/wirtschaft/lebensmittelpreise-penny-umwelt-discounter-wahre-preise-1.6337909

103 Burger King. (5. März 2024). *Plant-based* für alle: Burger King Deutschland macht pflanzenbasierte Produkte günstiger als Fleisch. https://cdn.sanity.io/files/czqk28jt/staging_bk_de/987438f21bcc509d420d44126f8ba4ddec3f1fc9.pdf

104 Planted. (12. März 2024). *Planted bringt das erste fermentierte Steak seiner Art auf den Markt und baut Produktion aus.* https://de.eatplanted.com/blogs/news/planted-bringt-das-erste-fermentierte-steak-seiner-art-auf-den-markt-und-baut-produktion-aus

105 Michel, P. (12. März 2024). Schweizer Firma lanciert pflanzliches Steak: Überzeugte Fleischesser im Visier. *Watson.* https://www.watson.ch/wirtschaft/vegan-vegetarisch/859329769-vegi-steak-planted-bringt-erstmals-pflanzliches-steak-auf-den-markt

106 Frankfurter Allgemeine. (11. August 2015). *Hat die »Veggie-Revolution« begonnen?.* https://www.faz.net/aktuell/finanzen/meine-finanzen/geld-ausgeben/veggie-produkte-werden-bei-kunden-immer-beliebter-13744665.html

107 Rügenwalder Mühle. (n. d.). *Soja aus Deutschland – Ein echter Meilenstein.* https://www.ruegenwalder.de/de/nachhaltigkeit/soja-aus-deutschland

108 Statista. (2020). Ökologischer Fußabdruck von Milchprodukten, Eiern und Milchersatzprodukten in Deutschland im Jahr 2019. https://de.statista.com/statistik/daten/studie/1198026/umfrage/co2-fussabdruck-von-milchprodukten-eiern-und-milchalternativen-in-deutschland

109 Statista. (2020). Ökologischer Fußabdruck von Milchprodukten, Eiern und Milchersatzprodukten in Deutschland im Jahr 2019. https://de.statista.com/statistik/daten/studie/1198026/umfrage/co2-fussabdruck-von-milchprodukten-eiern-und-milchalternativen-in-deutschland

110 ARD-DeutschlandTrend (13. Oktober 2023). Migrationspolitik für Mehrheit am wichtigsten. https://www.tagesschau.de/inland/deutschlandtrend/deutschlandtrend-moma-102.html

111 Redaktionsnetzwerk Deutschland (8. September 2023). Chronologie eines Debakels: der lange Weg des Heizungsgesetzes. https://www.rnd.de/wirtschaft/streit-um-das-heizungsgesetz-chronologie-eines-debakels-SZJ6R6A2UZGCJNZMC325MF446M.html

112 Spiegel. (29. Januar 2024). *Klimakleber wollen nicht mehr kleben*. https://www.spiegel.de/politik/deutschland/letzte-generation-klimakleber-wollen-nicht-mehr-kleben-a-2bd07ac8-52a6-4f00-abca-207a5c63d530